鍬形蟲日記簿

完整收錄58種台灣　　鍬形蟲

黃仕傑　著

目錄

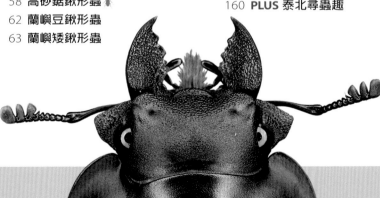

保育類昆蟲
台灣特有種　 台灣特有亞種

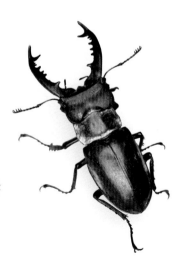

生動活潑的龜仔冊

1990年，日本掀起甲蟲「瘋」，開放全世界各地的甲蟲進口日本，引發不少關心生態保育人士的關注；2000年，台灣也跟著「瘋」甲蟲，我自然關注起這項新興昆蟲產業在台灣的發展。還好，儘管網路上掀起網購國外甲蟲熱潮，也出現不少寵物昆蟲專門店，但由於市場競爭，短短數年間專售昆蟲的寵物店已寥寥無幾，而且倖存的業者則轉型為主題式昆蟲生態旅遊，或進行昆蟲觀察的自然教育。

在眾多經營寵物昆蟲的後起之秀中，阿傑（黃仕傑）是我所矚目的年輕人，因為他不是科班出身，卻能把寵物昆蟲事業經營得有聲有色。難能可貴的是，他憑著多年飼養昆蟲及豐富的採集經驗而開始寫書，從《長戟大兜蟲》、《昆蟲臉書》、《帶著孩子玩自然》、《霸王甲蟲小百科》寫到《超震撼甲蟲王》，文字簡潔、圖片精美，頗受讀者歡迎。

2012年在健行文化幫我出版《觀螢、賞蝶、覓蟲》的簽書會中，第一次見到這位誠懇有為的年輕人，他手上拿了一本《昆蟲臉書》送給我，可惜在現場未能和他深入交談。回家後翻閱十分喜歡，而從網路上也得知他的奮鬥歷程，的確令人敬佩。

2015年，國立教育電台邀我和廣播名人燕子（賴素燕小姐）共同主持生態、環保和農業為主題的《自然有意思》節目，由於每一集都會設定主題和訪客，有一次我和燕子閒聊能不能請阿傑上節目？燕子說她和阿傑相當熟，便把他邀請到節目中，暢談如何走進昆蟲世界，又如何因緣際會開起蟲店，最後轉向寫書和從事昆蟲生態旅遊和自然教育，才深深體會到了他熱愛昆蟲的程度。

即使不是科班出身，但阿傑說起昆蟲是如數家珍，說起飼養昆蟲和採集的經驗更是眼神發亮，而且也會找專家討論，苦讀文獻，比大學的研究生還認真！所以在節目談話中，燕子吃醋地說她這個老朋友快沒有插嘴之處！

中午便餐時，我關心起他現在沒開蟲店，又剛離開任職多年的外商公司，會不會生活困頓？而這也是多年來喜歡玩蟲的朋友最大的「難題」。阿傑說：「老師，我想過，也有打算，但我還有一位長期共患難的老婆，不會成為問題的！」讓我寬心不少。因為像他這麼有經驗，而且拍照、拍影片都不錯的高手，如生長在日本，根本不用為生活憂愁，可是在台灣，我們的出版界、

圖為台灣深山鍬形蟲。

影視界及產業界卻沒能讓這些身懷特殊才藝的年輕人有更大的揮灑空間。所以，午餐後我對他說：「下一部書我來幫你寫序！」

不到半年，就在剛過完年後，我的學生汪澤宏博士來電：「老師，下周我和阿傑來看您好嗎？」2016年2月15日，阿傑喜孜孜捧著《鍬形蟲日記簿》打樣說道：「老師，能不能麻煩您寫個序。」

這是一本圖文並茂的台灣鍬形蟲生態圖鑑，但寫法有別於一般昆蟲圖鑑書，每一種都幾乎是他親自在台灣各地訪尋，涵蓋全台灣所有的種類。內容有生活習性，也有生態棲地，分別依春、夏、秋、冬的時序，詳細介紹這些生活在台灣各地的鍬形蟲。是喜歡甲蟲，熱愛大自然的大小朋友們最佳的鍬形蟲「武功秘笈」！

學名及學術性的論述有澤宏的審訂把關；而且書中還加了兩段阿傑在國內外尋蟲的經驗，以及如何飼養鍬形蟲，如何為往生的鍬形蟲留下更美的身影等章節；書末也附錄了學名索引及鍬形蟲參考文獻，的確是喜歡甲蟲的朋友們不能錯過的好書。

阿傑為了昆蟲除周遊台灣之外，也環遊世界各地，他為昆蟲拍短片上網站分享網友；他從蟲商轉型昆蟲科普教育，也關懷起昆蟲的棲地及台灣的大自然，我期待阿傑的熱忱也能感動喜歡昆蟲和熱愛大自然的朋友們，大家一起維護台灣的生態環境，共同發抒正向的能量！

國立台灣大學生物資源暨農學院　名譽教授

楊平世

又一本鍬形蟲好書誕生

2014 年夏天，我的好兄弟阿傑告訴我，他想寫一本鍬形蟲的書，將觀察鍬形蟲生態的歷程與大家分享，寫完後要麻煩我審訂內文，我當然是義不容辭答應，想當初我們也是因為鍬形蟲及兜蟲才結緣，相識至今約 15 年，要為我們從小最喜歡的鍬形蟲來寫書及審訂，這絕對是美事一樁。以他多年觀察鍬形蟲生態的經驗，加上使命必達的熱血個性，完成一本圖文並茂的鍬形蟲圖鑑是我原先就可預期的事，經過一年多，果然沒有讓我失望，他拿了厚厚一大疊的文稿來給我審訂，著實花了不少時間將全文反覆讀完，以不影響主體要表達的內容，給予建議及修訂。

在台灣的昆蟲類群中，鍬形蟲的人氣排行榜應該僅次於蝴蝶，從上世紀 80 年代末期就開始有台灣人自己出版鍬形蟲圖鑑，這些圖鑑主要是以鍬形蟲的種類鑑定為主，以我的另一位好友張永仁先生出版的《台灣鍬形蟲》及《鍬形蟲 54》受到大多數人（包括日本鍬形蟲愛好者）的認同與喜愛，也加速了鍬形蟲愛好者的相關知識理解。

《鍬形蟲 54》已經算是這些鍬形蟲圖鑑中生態相關資料比例較高的，而阿傑的這本新書更是完全將他自己接觸、觀察鍬形蟲的過程如實紀錄下來與讀者分享，其中他特地跑去跟中興大學系昆蟲系葉文斌教授的博士班學生蔡正隆請教紅圓翅鍬形蟲複合種群的問題，以及師大生科系林仲平教授請教台灣深山鍬形蟲的分子親緣關係，希望多了解台灣目前的鍬形蟲新興研究，而在書中加以著墨。

在昆蟲分類上，鍬形蟲屬於鞘翅目金龜子總科下的鍬形蟲科，全世界已經有超過 1,400 種鍬形蟲的紀錄，這本書雖然是以生態觀察為主軸，但書中用到鍬形蟲物種的學名都盡量以最新及最合理的分類處理來使用，例如望月鍬形蟲及雙鉤鍬形蟲的屬名使用小刀鍬形蟲屬（*Falcicornis*）及雙鉤鍬形蟲屬（*Miwanus*），這兩個屬皆是黃灝及陳常卿先生在 2013 年所發表的新屬；此外，台灣圓翅鍬形蟲（*Neolucanus taiwanus*）從中華圓翅鍬形蟲台灣亞種提升為獨立種，金鬼鍬形蟲（*Prismognathus cheni cheni*）以及黑金鬼鍬形蟲（*Prismognathus cheni nigerrimu*）分類地位改變成為台灣特有亞種，以上皆是採用藤田宏先生於 2010 年所著《世界鍬形蟲大圖鑑》所建議的新概念。至於紅圓翅鍬形蟲複合種群，暫時還是使用之前的分類處理來分享相關的各地鍬形蟲生態觀察經驗。

綜觀本書，個人認為有下列特色：

1. 內容齊全：本書除了極少數分布有疑慮的鍬形蟲外，其他種類全部加以介紹，包括雄蟲及雌蟲，而 2015 年才發表的台灣新種——鍾氏熱帶斑紋鍬形蟲，也在書中詳實記錄，所以內容完整豐富是本書一大特色。

2. 具教育推廣意義：阿傑這幾年在野外東奔西跑地觀察大自然，用相機記錄許多故事，也很認真閱讀相關資料（尤其是我提供的學術資料），除了自己累積的經驗，也吸取許多專業的知識，並且常受邀去演講，跟愛好大自然的夥伴分享他的生態觀察心得，所以本書中有許多教育推廣概念，著實透過觀察鍬形蟲與大家分享他內心的想法。

3. 個人風格獨特：從《昆蟲臉書》開始，阿傑的書就有著相當獨特的個人風格，他將親自觀察的現象及相關資料消化後，用自己的梗來寫書，而且表現手法相當不錯，我相信喜愛他的讀者會因此開始關心鍬形蟲，本來就喜歡鍬形蟲的人，會去關注阿傑在網路訊息而獲得更多其他生物的資訊。

這本書的出版是令人開心的，開心國內又有一本鍬形蟲的好書誕生，開心我的好友又完成他人生的另一本代表作，開心喜歡鍬形蟲的人又有一本不同風格而內容豐富的好書可以參考，希望藉著這本書對於生態的著墨，讓大家更認識台灣鍬形蟲的生態環境，進而了解生物多樣性及自然生態保育的重要性。

林業試驗所

汪澤宏 博士

圖為高砂鋸鍬形蟲。

本書使用說明

本書內容提及之計數單位，統一以中文公制為主，然因配合作者之口語習慣，若提及鍬形蟲體長部分，則以 mm 取代公厘。

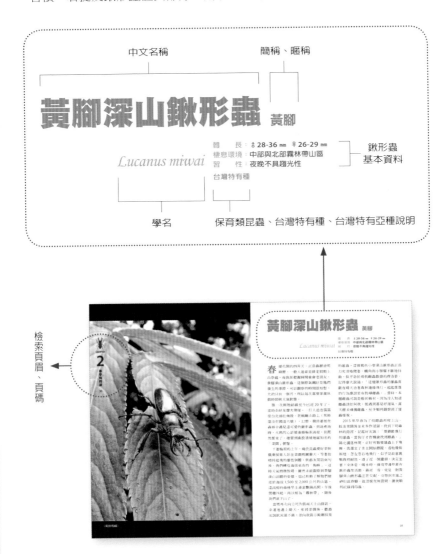

中文名稱　　　　　　簡稱、暱稱

黃腳深山鍬形蟲 黃腳

Lucanus miwai

體　　長：♂ 28-36 mm ♀ 26-29 mm
棲息環境：中部與北部霧林帶山區
習　　性：夜晚不具趨光性
台灣特有種

鍬形蟲基本資料

學名　　　保育類昆蟲、台灣特有種、台灣特有亞種說明

檢索頁眉、頁碼

獻給每一個

曾走在林間，夜晚守在燈旁

熱愛鍬形蟲的大小朋友

鍬形蟲日記簿
有趣的剪龜仔

是否偶爾會厭倦課業與都市生活?與其看著桌面發呆,不如放下手邊工作,一起走向綠色森林。綠意盎然的山區,充滿各種外形奇特、行為有趣的生物,只要放緩腳步,就能發現牠(它)們喔!其中最受大家歡迎的非「鍬形蟲」莫屬,來吧!我們就先來認識鍬形蟲吧!

誰才是正港鍬形蟲？

我們在野外能觀察到各式各樣的甲蟲，但許多人以為，金龜子、獨角仙、糞金龜、黑豔蟲、鍬形蟲都是一樣的，其實每種甲蟲都有不同的辨識特徵喔！鍬形蟲的身體可分為頭、胸、腹三部分：「頭部」有一對如剪刀般的大顎、呈屈膝狀（L形）的觸角、一對烏溜溜的複眼；「胸部」是由前、中、後三個胸節所組成，前胸背板的形狀是分辨種類時的重要依據；「中胸」有一對由前翅特化的翅鞘，保護後胸膜質的後翅與柔軟的腹部。快點來了解身體各部位的名稱吧！

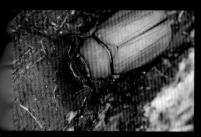

金龜子的觸角呈鰓葉狀。圖為台灣樺金龜。

黑豔蟲最常被誤認為鍬形蟲，但牠們的觸角完全不同喔。圖為大黑豔蟲。

天牛的觸角呈鞭狀。圖為蓬萊巨顎天牛。

步行蟲的觸角與鍬形蟲大不同。圖為擬食蝸步行蟲。

許多長者將鍬形蟲當成糞金龜。圖為跳蹼

鹿角金龜因為發達的頭角，常被誤認為鍬

大顎

觸角

頭部

胸部

前足

中足

腿節

脛節

鞘翅

後足

跗節

爪鉤

觸角

內齒突

大顎

複眼

頭部

前足

前胸

轉節

中胸

中足

後胸

腿節

腹部

脛節

後足

跗節

爪鉤

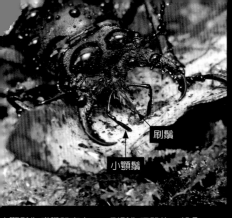

刷鬚

小顎鬚

錘節

小顎鬚為感覺器官之一，刷鬚為口器的一部分。
圖為黃腳深山鍬形蟲。

觸角前方突出（膨大）部分為錘節。

複眼

頭部兩側各有一顆烏溜溜的複眼。

翅鞘

後翅

阿嬤說的雞母蟲

小時候回宜蘭鄉下，我總喜歡到田裡找尋生物，有時遇到農人用牛犁田，成群的黃頭鷺跟在後頭覓食，我與玩伴便也會撿了樹枝，跟著一同去挖寶。那時最常看到的是蟋蟀（台語：斗搞）、螻蛄（台語：斗背啊），還有一種身體白白胖胖的蟲，阿嬤說那是「雞母蟲」。

我心想：「為什麼會叫做雞母蟲？一點都不像雞呀！」這問題困擾了我一段時間，直到發現要在稻田裡找雞母蟲不容易，反倒是菜園翻土時特別容易發現，而且家中的母雞常帶著小雞到處覓食，母雞使用強壯的腳爪在地上扒呀扒，翻找土壤、落葉腐植中的生物，小雞有樣學樣，若翻出雞母蟲，便成了雞群啄食的目標，原來這白白胖胖的蟲子那麼受到歡迎！

在我的記憶中，雞母蟲是金龜子的幼蟲，為什麼鍬形蟲的幼蟲也稱為雞母蟲？因為鞘翅目的昆蟲，需經歷卵、幼蟲、蛹、成蟲四個時期，小時候的模樣與成蟲外觀完全不同，稱為「完全變態」，鍬形蟲幼蟲期的樣貌與金龜子非常相似，都是蠐螬形，因此都被稱作雞母蟲。鍬形蟲幼蟲自卵中孵化後，身體呈半透明，頭部為黃色，主要攝食經過菌類分解的朽木或落葉腐質。

其實，雖然雞母蟲長得都很像，但還是有些方法可以分辨出這是鍬形蟲或金龜子的幼蟲喔，讓我們一起往下看吧！

圖為深山區鍬形蟲成蟲。

卵。

鍬形蟲幼蟲。

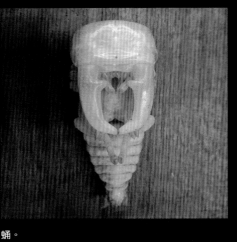

蛹。

金龜子幼蟲。

鍬形蟲幼蟲肛門開口為「I」字形。

金龜子幼蟲肛門開口為「一」字型。

我要最大的
鍬形蟲的成長關鍵期

在野外觀察自然或帶活動，只要遇到鍬形蟲，總會有人問：「還會長大嗎？」鍬形蟲成長過程由卵孵化後，分三個齡期：一齡、二齡、三齡，英文代號為「L1、L2、L3」。每個齡期攝取足夠營養後，便脫皮進入下個階段，體積也呈倍數成長。轉三齡後，食量大增，身體在蓄積足夠能量後會變黃，並開始找尋安全堅固的位置製作蛹室，準備脫皮化蛹。

幼蟲變成蛹後因不再進食，所以不會再成長。簡單來說，化蛹後的體型就定下來了，待羽化成蟲，外骨骼硬化後就是我們看到的模樣。所以請記好，鍬形蟲成蟲後就不會再長大喔！

一齡幼蟲。

二齡幼蟲。

三齡幼蟲。

前蛹。

武士的祕密
大顎（剪刀）

還記得早期的生態書籍多半翻譯自日文出版品，鍬形蟲在書中被稱為「鳳翅蟲」。初期我一直想不通為什麼用這個名稱，查證後才知道，鍬形蟲日文為クワガタムシ，其中クワガタ意指日本武士頭盔上的燕尾形（Ｖ形）裝飾，這才了解叫做「鳳翅」的由來。

跑野外時，常遇到長者說鍬形蟲是「剪龜仔」（台語），原來是像金龜子頭上長一把剪刀。歐美人士因鍬形蟲大顎與雄鹿頭上的犄角相似，所以稱鍬形蟲為 stag beetle。大顎是鍬形蟲最引人注意的部位，除了為牠們帶來各種俗稱，也是分辨種類時必須確認的特徵，而這些昆蟲界裡的武士，形狀外觀各有不同，就讓我們來認識各種「大顎」吧！

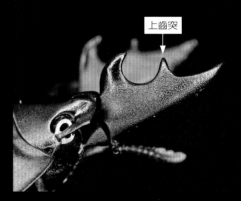

上齒突

圖為大圓翅鍬形蟲。

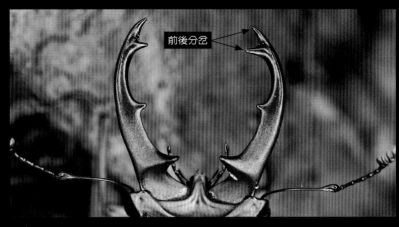

前後分岔

圖為豔細身赤鍬形蟲。

圖為高砂深山鍬形蟲。

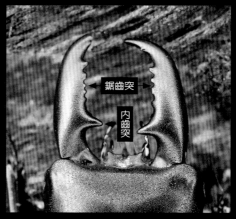

圖為扁鍬形蟲。

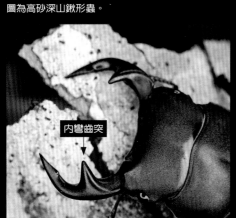

圖為台灣大鍬形蟲。

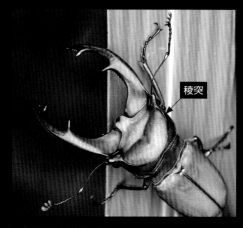

圖為雞冠細身赤鍬形蟲。

圖為高砂深山鍬形蟲。

大顎形狀如同日本武士頭盔上的裝飾。
圖為紅鹿細身赤鍬形蟲。

21

武士不是天生愛打架

　　自然界各種生物都有一套屬於自己的生存法則，鍬形蟲遇到天敵或干擾時，頭上的大顎就是最佳防衛工具。許多朋友常被媒體或資訊誤導，以為鍬形蟲天生喜歡打鬥，其實，大顎只在重要時機派上用場，例如抵抗天敵、爭取食物、打敗情敵、幫助交配等；而雌蟲大顎更肩負咬開朽木產卵的責任，所以別忘了，大顎絕對不是拿來打架、取悅人類的工具，這些透過大顎產生的生態行為，其實是非常值得我們仔細觀察的現象。

為了搶奪交配權而大打出手。圖為台灣深山鍬形蟲。

交配時，雄蟲使用大顎固定雌蟲。圖為姬深山鍬形蟲。

大顎可咬開杇木幫助產卵。圖為刀鍬形蟲。

雄性鍬形蟲保護雌蟲的動作稱為「護雌」。
圖為台灣深山鍬形蟲。

野外鍬鍬話
自然觀察那些事

在 世界各地有各種不同的鍬形蟲,想在自然環境中找尋牠們的蹤影,除了閱讀相關書籍外,還必須遵守幾項規則,這樣才能安全地與自然共舞。

1 服裝 在野外穿著長袖衣褲,可防止蚊蟲叮咬。如果太陽很大,可選擇帽簷較大或有遮頸功能的款式,避免曬傷。衣服以墨綠、淺灰、土黃等大地色系為主,儘量不要穿黑色或深色,容易引起虎頭蜂注意。在野外絕對禁止穿拖鞋,因為草叢中可能會有蜈蚣、毒蛇,穿著標準或高筒登山鞋才能防範危險。

2 裝備 我在野外觀察時,通常使用雙肩相機背包,而且會刻意購買大一號的款式,除了放置相機、鏡頭、閃燈相關配備外,還多一個夾層可放置食物、飲用水。另外,建議多帶筆記本、筆及輕便型雨衣或折疊式雨傘。即便是夏天,最好也能帶件薄外套,以備不時之需。

3 觀察態度 野外觀察是了解自然的方法,除了不斷累積知識外,更重要的是養成「尊重生命」的態度。此外,鍬形蟲的棲息環境除了國家公園、自然保護區外,還包含了郊山步道沿線,但後者常有住家,所以請降低對話音量,勿大聲喧嘩。勿攀折花木、亂丟垃圾、隨意闖入私人果園或田地。夜間觀察時,手電筒請勿直接照射眼睛或住家窗戶。以上都是觀察自然應有的公德心。

4 環境安全 在野外探訪自然時,多注意周遭環境的變化。如果發現道路邊坡散落著土石,應快速通過勿逗留,避免岩石滑落,發生危險。雲層變厚、天色昏暗、突然起風,代表即將下雨,應視狀況盡快下山或準備雨具。上山前,查詢天氣或道路狀態可避免敗興而歸。

5 採集觀念 野外觀察如需採集,請謹記:是否在自然生態保護(留)區、國家森林公園、國家公園範圍內;採集物種是否為保育類以免觸法。雖然我認為山區開發、砍伐森林造成棲地消失才是昆蟲減少、滅絕的主因,但採集時,請衡量自身照顧能力,盡量不採集雌蟲,或以觀察代替飼養,維護自然生態樣貌。

自然觀察是目前最夯的生態活動（六寮古道）。

閱讀各種書籍增加知識來源（作者自宅）。

野外觀察的穿著非常重要（與日籍學者野外調查）。

大地色系穿著一直是我的最愛（大雪山）。

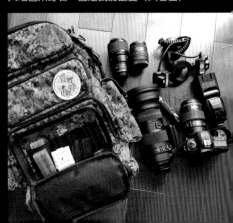

夜間觀察時需注意安全（武陵農場）。

自然觀察是傳達生態觀念的好方法（富陽生態公園）。

抱野外一定要特別小心虎頭蜂。圖為台灣大虎頭蜂（北橫）。

只有保持森林的完整，才會有好的生態（南投）。

**CHAPTER
2**

鍬形蟲日記簿
春季梅雨遊

春雨為大地帶來生機，種子萌發、枝頭新抽綠芽、五顏六色花朵與各種昆蟲開始出現，為生態愛好者的觀察之路敲響序曲。您是否等不及要到野外觀察鍬形蟲了？先別急喔！首先，隨時注意氣象預報，因為俗諺說的「春天後母心」，正是比喻這時節的天氣多變，而且山區溫度通常較低，想與鍬形蟲約會，就由查詢氣象、準備外套、雨具這幾個步驟開始吧！

（南投梅峰）

黃腳深山鍬形蟲 黃腳

Lucanus miwai

體　　長：♂ 28-36 mm　♀ 26-29 mm
棲息環境：中部與北部霧林帶山區
習　　性：夜晚不具趨光性

台灣特有種

春暖花開的四月天，正是農曆清明時節，一般人通常是排定假期上山祭祖，而我卻把握時間會會老朋友，黃腳深山鍬形蟲。這個節氣剛好是牠們發生的季節，可以觀察的時間很短暫，大約只有 1 個月，所以每次都要掌握休假時間與天氣狀態。

第一次與牠結緣至今已近 20 年了，當時由好友廖大帶隊，一行人浩浩蕩蕩從台北前往南投。在蜿蜒山路上（那時還沒有國道六號），幻想、期待著能在森林中遇見這可愛的鍬形蟲。到達產地時，火熱的心卻被連綿梅雨澆熄，但既然都來了，總要到南投清境地區知名的「菜園」朝聖。

下著梅雨的上午，幾位昆蟲愛好者與職業採集人站在菜園周圍聊天，等著放晴時起飛的雄性個體，與蟲友閒話兩句後，我們轉往海拔更高的「梅峰」。這時天氣稍微放晴，雖然未能觀察到黃腳深山活體的姿態，但已粗略了解牠們棲息於海拔 1,500 至 2,000 公尺的山區，這高度的森林早上通常豔陽高照，午後雲霧四起，所以稱為「霧林帶」，隨後我們就下山了。

當周再次向公司告假 2 天上山探訪，幸運地遇上晴天，來到菜園後，聽蟲友說狀況還不錯，並向我展示剛剛採集

的雄蟲，這黃褐色小型深山鍬形蟲正活力充沛地爬著，觸角與小顎鬚不斷地抖動，似乎急於尋找雌蟲散發的費洛蒙。記得廖大說過：「這種鍬形蟲的雄蟲喜歡在晴天沿著森林邊緣飛行，起起落落的行為應該是在找尋雌蟲。」當時，本種雌蟲可說是極其稀有，因為沒人知道雌蟲該如何找，能遇到都是好運氣。當天雖未尋獲雌蟲，至少順利觀察到了雄蟲樣貌。

2015 年早春為了找雌蟲再度上山。抵達菜園後並未多作逗留，找到下切森林的路徑，記起好友說：「要跟蹤飛行的雄蟲，當狗仔才有機會找到雌蟲。」陽光灑落林間，正好有數隻雄蟲上下飛舞，我選定了苦主開始跟蹤，看牠慢條斯理、忽左忽右地飛行，似乎是故意挑戰我的耐性。過了近一個鐘頭，決定坐著下來休息，喝水時，發現旁邊草叢有鍬形蟲在活動，靠近一看，竟是一對黃腳深山鍬形蟲正在交配，沒想到幸運之神如此眷顧，就這樣在無意間，讓我順利記錄到母蟲。

2021 年初，黃腳深山北部族群被發表為新種：宇老深山鍬形蟲 *Lucanus yulaoensis*。

宇老深山鍬形蟲容易遭遇「路殺」。

由腐植質中爬出的雌蟲。

以大顎鉗制雌蟲的雄蟲（中部產）。

中部產雄蟲大顎特徵：獨立內齒。

宇老深山鍬形蟲的大顎特徵，內齒相連呈鋸齒狀。

黃腳深山鍬形蟲的特徵：黃腳。

· 鍬 · 鍬 · 話 ·

實際飼養雄蟲後，得知本種需要溫控（26度以下），幾乎不取食。牠們在白天或開燈的室內會呈現躁動狀態，入夜後即趴在飼養箱的落葉堆中，人工飼養的壽命通常不超過1個月，推論在野外的個體壽命應該更短。

（梨山）

高砂深山鍬形蟲 高砂、大圓耳

Lucanus taiwanus

體　　長：♂ 40-87 mm ♀ 30-50 mm
棲息環境：中高海拔山區
習　　性：夜晚具趨光性、趨樹液
台灣特有種

第一次看到本種是在新竹縣尖石鄉，當時對鍬形蟲的認識還處於啟蒙階段，只覺得這種蟲子蠻強壯的，咖啡色的體表上布滿濃密體毛，雄性大型個體頭部後緣的耳狀突起非常巨大，這個特徵讓我對牠的印象相當深刻，後來才知道，耳突是本種俗稱「大圓耳」的由來。

梨山一直是我心目中的高砂深山鍬形蟲原鄉。2001年某天下午，就讀台大昆蟲系的好友來電說想去梨山，當時也沒多想，就開著愛駒老喜美一起勇闖海拔 2,000 公尺的山區，一路依序走過台北、九彎十八拐（當時還沒有雪隧）、宜蘭、思源埡口、梨山、德基，再依循原路繞回台北，整夜沒睡就是為了找鍬形蟲。

那晚觀察到的高砂深山少說百隻，每盞路燈下都有驚喜，回程上路時已經凌晨四點，數小時的亢奮狀態早已將腎上腺素耗盡，下山時，竟不慎打瞌睡，直接撞上山壁，所幸我與朋友皆平安。在我們振作精神後繼續北返，行經宜蘭市區時，再度不敵睡魔誘惑，撞上砂石車，還好車速不快、人車均安，這時好友邊喝蠻牛邊告訴我：「傑叔你放心，我一定陪你撐回台北。」但正當我還在感動之際，他又睡著了……

後來那幾年，梨山成了我固定探訪的重要地點，直到 2003 年春季，一如往常地挑個沒有月亮的日子上山，在幾盞熟悉的路燈下搜尋。照理說，沒有光害（月亮）的夜晚，應該會有不錯的收穫才是，但那晚反常地什麼都沒有，直到發現了果樹下一隻行動遲緩的刀鍬形蟲才知道，路燈旁與果樹下滿滿的鍬形蟲屍體——平頭大鍬、深山扁鍬、兩點赤鋸鍬、刀鍬，還有高砂深山，當下才明白，應該是這兩天剛「洗藥」（噴灑農藥）。

本以為當晚是偶發事件，但那幾年到了梨山都不是在找蟲，而是撿蟲，撿了一袋又一袋的蟲屍！後來才知道，那段時間梨山高接梨的「梨木蝨」大爆發，果農不堪其害，只好強力洗藥。之後就不太上梨山了，那段時間撿的蟲屍多到令我害怕，害怕的不是死蟲，而是對生態滅絕的萬念俱灰。

人類為了生活，只好不斷與自然環境爭取空間，但這樣做的同時，也對原有生態造成影響，這幾年得知山區放租的農地要被收回，建議管轄這些地目的機關，可以廣植原有植物，讓生態慢慢地恢復。

大型雄蟲（南投）。

───── ·鍬·鍬·話· ─────

找高砂深山除了夜間路燈下的趨光個
體外，牠們也趨樹液喔！我曾在青剛
櫟、火燒栲、栓皮櫟等樹找到本種，
由樹上掉到地面的瞬間發出巨大聲
響，自己都被嚇一下跳呢！

───────────────────

前晚趨光，天亮後未離開的雄蟲（太平山）。

路燈下的雌蟲（思源）。

體表布滿金毛的小型雄蟲（北橫東段）。

滿身是土的雄蟲（碧綠神木）。

慘遭遊客一腳踩扁的雄蟲（尖石）。

刀鍬形蟲 刀鍬、山田鍬形蟲

Dorcus yamadai

體　　長：♂ 26-62 mm　♀ 24-38 mm
棲息環境：中高海拔山區
習　　性：夜晚具趨光性
台灣特有種

首次看到本種，是在北橫的路燈下，我與幾位採集好友以步行方式在上巴陵（桃園縣復興鄉）夜間觀察，隨著手電筒光源一看，發現牠停在「櫻花神樹」上。遠遠望去，以為是保育類的長角大鍬形蟲，大家興奮地衝向前靠近樹幹時，才看清楚地是刀鍬形蟲。當下其實有點失望，因為能在野外發現保育類昆蟲真的非常幸運，不過，即便沒有發現保育類昆蟲，因此有機會仔細觀察刀鍬的外觀樣貌，也算是一大收穫。

本種的大顎前端與長角大鍬一樣，都呈「關刀狀」，這也是其中文名稱的由來。曾聽過蟲友稱牠為「山田鍬形蟲」，翻閱資料後，才知道其學名是為了紀念發現本種的日本學者，山田信夫（Yamada Nobuo）。

本種可說是中海拔常見的種類。無論是山區路燈下、自己準備燈具誘集、找到特定殼斗科植物，甚至在林道上都能看見牠的蹤跡，簡單來說，本種不曾是我的目標蟲，但蟲季時上山一定有牠的陪伴，可說是鍬形蟲愛好者的好朋友。

玩蟲早期曾嘗試劈開朽木找蟲，第一次劈到的成蟲與幼蟲即是本種，多次與蟲友們討論，發現牠偏好大型朽木（直徑至少 40 公分以上），樹皮裡是淡黃色木質，而且幼蟲在朽木中鑽出的坑道與食痕非常明顯。雖然這樣可觀察牠們幼生時期的樣貌，但也破壞了朽木，影響了叩頭蟲、吉丁蟲、蠹蟲、天牛、隱翅蟲、蜚蠊等各種利用朽木的生物。為了不讓這種殺雞取卵的觀察方式造成無謂損傷，其後我便盡量降低劈木觀察的機率了。

2015 年撰寫本書時，為了取得更好的生態照，我經常往山上跑。7 月某天與家人來到尖石鄉中海拔山區，由熟悉的林道鑽入森林，期望巧遇更多美麗的生物，走沒幾步，出現一根斜躺地上多年的倒木，從樹皮翻起的狀態來看，這腐朽程度應該有很多昆蟲進駐利用，索性將相機背包放下，與孩子專心探索木頭上的生物。才翻起第一片樹皮就讓我心跳加速，一隻黑色甲蟲正利用大顎啃咬淡黃色的木質部，由牠翅鞘上的紋路與頭部中央兩個突起，我立刻判斷這是刀鍬形蟲，兒子開心地說這是他第一次看到，我心想，這也是我玩蟲生涯以來的第一次，真正看到鍬形蟲野外產卵的珍貴畫面。

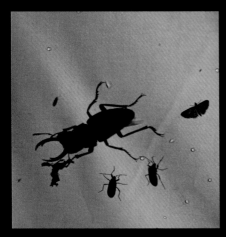

剛趨光來的雄蟲（南投）。

小型雄蟲（思源）。

起飛一瞬間（思源）。

雌蟲（杉林溪）。

林道上的大型雄蟲（鎮西堡）。

野外巧遇產卵中的雌蟲（尖石）。

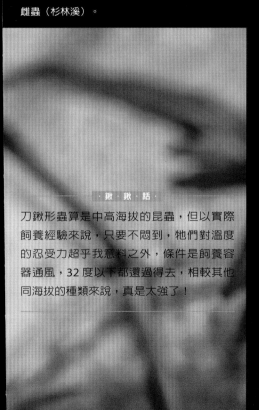

· 鍬 · 鍬 · 話 ·

刀鍬形蟲算是中高海拔的昆蟲，但以實際
飼養經驗來說，只要不悶到，牠們對溫度
的忍受力超乎我意料之外，條件是飼養容
器通風，32 度以下都還過得去，相較其他
同海拔的種類來說，真是太強了！

被廁所燈光吸引的小雄蟲（阿里山）。

深山扁鍬形蟲 深山扁

Dorcus kyanrauensis

體　　長：♂ 18-56 mm　♀ 23-35 mm
棲息環境：中低海拔山區
習　　性：夜晚具趨光性、趨腐果

台灣特有種

剛開始找尋鍬形蟲時，烏來、福山（新北市）是我最常去探訪的地點。下班後，往往是買了便當就直接開車上山，將車停在信賢，吃飯、等天黑，然後一路尋找路燈下趨光的鍬形蟲。由於當時經驗不足，一看到反光身影就會興奮地衝向前去，結果常是埋葬蟲或天牛這類甲蟲。隨著跑野外的次數增加，找蟲與認蟲的功力也開始提升，而相關書籍的閱讀及蟲友之間的交流，更是我了解牠們產季與棲息環境的最佳方法。

直到有一天與新店蟲友相約福山夜間採集，除了探訪路燈外，這次還加入新的搜尋方式：「找樹洞與樹縫」。雖然探訪速度變慢了，但收穫增加了，途中在涼亭休息時，將採集到的鍬形蟲拿來比對，其中兩隻扁鍬怎麼看都覺得奇怪，一隻大約4公分的雄蟲，大顎似乎與扁鍬不太一樣，而且頭部的橫寬比例也不同，暫且當成特殊個體好了。另一隻小型雄蟲就怪了，大顎很明顯只有一個大型內齒（大鍬屬的特徵之一），朋友說：「我們不會抓到保育類鍬形蟲了吧？」腦海中閃過台灣大鍬形蟲的特徵，當下也冷汗直流，與朋友討論後決定將該蟲放回原地，只留下一隻較大的扁鍬與那隻特殊個體回去比對。

到家後，迫不及待地拿出當年的聖經《台灣鍬形蟲》（已絕版）逐一翻閱，直到〈深山扁鍬形蟲〉這篇時才豁然開朗，牠與扁鍬真是一對兄弟檔，因為體色、外觀及大顎形狀都非常相似，所以考倒當時初學的我。

老實說，要特別找深山扁鍬形蟲沒那麼容易，好幾次跟蟲友聊天提起本種，大家的心得都一樣，絕對沒有什麼「蟲點」（指個人祕境）能保證一定找到深山扁，因為牠棲息的環境與扁鍬一樣都涵蓋很廣，從海拔400公尺的低海拔森林到2,000公尺的霧林帶皆可發現，而且全年都有觀察紀錄。

以個人經驗來說，最常見的季節是5到8月，而且幾乎都是夜晚趨光，少數能在腐果與樹洞中發現；另一個有趣的觀察是，夜晚發現趨光的公蟲通常比在腐果發現的體型大；高海拔山區遇到的公蟲通常比低海拔山區發現的大，與蟲友討論的心得也差不多，是值得探討的方向。

大型雄蟲體型寬厚充滿魄力（佳陽）。

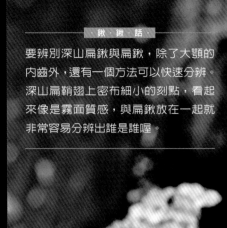

．鍬．鍬．話．

要辨別深山扁鍬與扁鍬，除了大顎的
內齒外，還有一個方法可以快速分辨。
深山扁鞘翅上密布細小的刻點，看起
來像是霧面質感，與扁鍬放在一起就
非常容易分辨出誰是誰喔。

中型雄蟲大顎鋸齒突不明顯（烏來）。

小型雄蟲大顎僅有一內齒突，
無鋸齒突（坪林）。

雌蟲體表充滿細微刻點（烏來）。

由體表的刻點來分辨深山扁與扁鍬的不同（霧社）。

大型雄蟲小鋸齒突非常明顯（三峽）。

壽終正寢的雄蟲，外表充滿歲月的痕跡（坪林）。

望月鍬形蟲 望月

Falcicornis mochizukii

體　　長：♂ 17-38 mm　♀ 15-23 mm
棲息環境：中低海拔山區
習　　性：夜晚具趨光性、趨樹液
台灣特有種

第一次到北部著名的蟲點「福山」，是應蟲友邀約，一行人開著兩部車往山區前進，對夜晚的山路充滿期待。過了雲仙樂園纜車站後，我們便展開地毯式搜索，而且也都能在每盞燈下發現不同的昆蟲，其中最吸引我們的，當然是鍬形蟲。

話說這些趨光的蟲會停在哪裡？因為路燈設置在道路兩側，所以大部分都會停在路面上，如果降落時安全著地，便能順利爬到路燈下，但以我的夜間觀察經驗來說，鍬形蟲的飛行技術普遍不好，降落時多半會六腳朝天、不斷掙扎。運氣好的能抓到石頭或草叢以便翻身，運氣差的呢，就成為「路殺」的犧牲者。

當晚收穫還不錯，因為是夏末秋初，看到的種類大多為扁鍬形蟲、鬼豔鍬形蟲、豔細身赤鍬形蟲。剛過信賢的山路上有個T字路口，帶隊蟲友轉頭對我說：「這盞是神燈，除了蟲多外，還常有怪蟲喔！」我馬上在周圍努力搜尋。果然，芒草葉、石頭縫、電線桿，都發現了不同的昆蟲。此時，同行中還在念小學的蟲友手拿一隻鍬形蟲問：「這是什麼種類的母蟲？」大家當場就討論起來，一方認為是雙鉤鍬形蟲（舊稱：雙鉤鋸鍬形蟲）母蟲，另一方覺得是本種

的母蟲。最後，我們根據牠腿節偏紅的顏色，還有眼緣較為突出等特徵，確定為本種母蟲，這也是我第一次看到這個種類。

隔年在北橫山區夜間採集時發現公蟲，還記得牠的體型不大，穩穩停在路燈旁的樹幹上，觸角與小顎鬚不停抖動，似乎在探索周邊的氣味。就在觀察行為的當下，心急的朋友馬上伸手將牠抓下，雖然觀察中斷，但那可愛的樣貌與特徵已經深印在腦海。

自從開始協助嘉義大學昆蟲館採集標本，我每個月都排定採集行程。由低海拔山區到霧林帶、白天至黑夜、凌晨到天明，隨時搜尋著蟲蹤。在採集過程中，發現望月的公蟲體長與大顎比例很有趣，尤其是小型公蟲，剛發現時還以為是奇怪的母蟲，仔細一看大顎又短又小，內齒形狀與母蟲不同，前胸背板也較為寬厚，原來是小型雄蟲。本種的發生期是 5 至 10 月，但大發生月份為 6 至 7 月，如果想看這美麗的種類，別忘了時間喔！

極大型雄蟲的英姿（杉林溪）。

· 鍬 · 鍬 · 話 ·

路殺是指動物在路上被行經的車輛輾壓或撞死。目前特有生物中心研究員在臉書成立
「路殺社」公開社團，關注台灣各地道路路殺的狀態，將資料彙整後，提供未來規劃道
路及保育相關使用。

大型雄蟲（尖石）。

中胸的金色覆毛。

雌蟲（尖石）。

雌蟲中胸的金毛（尖石）。

超小型雄蟲（慈恩）。

日間步行於道路上的雄蟲（拉拉山）。

49

長角大鍬形蟲 長角

Dorcus schenklingi

體　　長：♂ 33-90 mm　♀ 32-50 mm
棲息環境：中低海拔山區
習　　性：夜晚具趨光性、趨樹液

保育類昆蟲、台灣特有種

1999 年 7 月某周六下午，我在木生昆蟲館協助余姊整理昆蟲，當天來了許多同好聊蟲經，其中兩位蟲友壓低音量神祕的交頭接耳，剛好我在旁邊拿果凍，聽到的對話如下：

蟲友 A：你有沒有看過黑金剛（台語）？

蟲友 B：當然有，電影的黑金剛與動物園都有。

蟲友 A：不是猩猩啦！是那隻保育類的長角大鍬形蟲！

蟲友 B：哪裡能找到牠？

蟲友 A：南部的阿里山與藤枝……噓（做勢不要說）。

「黑金剛」與「關刀龜」都是牠的台語俗名。前者因為巨大體型與黑亮體色而得名，後者則是大顎與內齒形狀如同關公手持的青龍偃月刀而得名。

隔年 5 月中，我與好友到新竹縣尖石鄉找尋鍬形蟲。上午是陽光普照的好天氣，我們以步行方式在林道上觀察生態，並且找尋青剛櫟樹上的鍬形蟲。專心的時間過得特別快，除了幾隻姬深山鍬形蟲外，還發現地面爬行的葫蘆鍬形蟲。坐在路邊吃完午餐，遠眺中央山脈景緻，雲霧漸漸地遮住陽光、籠罩整個山區，氣溫也隨之下降，原來眼前的景象就是霧林帶呀！起身步行至海拔 1,500 公尺的宇老派出所，旁邊的宇老觀景台視野絕佳，可以俯瞰群山。好友找我坐在派出所門口的階梯上等天黑，因為這裡的路燈設置在 T 字路口，光源遍及前山與後山，吸引各種趨光昆蟲飛來，所以又號稱「宇老神燈」。

黑夜好不容易降臨，我也開始拿著手電筒找尋掉落在附近的昆蟲，第一隻飛來的是高砂深山鍬形蟲，一眼就認出那深褐的體色。這時，路的另一頭傳來引擎嘶吼的聲音，與朋友互相提醒後，站到路旁閃避來車，小貨車疾駛而去時聽見一個輕微的聲音，這是物體被壓過的碎裂聲，朝著那方向走去發現地上有個抖動的黑色物體，體型依稀可見是隻不小的鍬形蟲，仔細看才辨認出那關刀形狀的大顎，想不到第一次與牠相遇，竟然是路殺。

個人觀察經驗來說，長角大鍬並不少見，只要掌控幾個重點：每年 5 至 8 月份、海拔 1,000 至 1,800 公尺的山區、完整原始的森林、找青剛櫟、火燒栲、栓皮櫟等大樹的樹洞，或是尋訪山區路燈，就有機會發現牠的身影喔！

＊保育類昆蟲請勿捕捉與騷擾

傍晚停於樹幹的中型雄蟲（大雪山）。

夜晚趨光爬上岩壁的大型雄蟲（四稜）。

雌蟲翅鞘的側面縱紋是辨識特徵之一（四稜）。

剛由樹上掉下的雄蟲（嘎拉賀）。

· 鍬 · 鍬 · 話 ·

霧林帶的森林上午通常陽光普照，午後馬上雲霧繚繞，因為空氣中濕度高，所以樹上有各種苔蘚與著生植物，日夜溫差極大，這也是我探訪生物時最重要的指標。

趨光飛來的小型雄蟲（尖石）。

雌蟲頭部與眼緣（尖石）。

夜晚趨光的大型雄蟲（尖石）。

（大雪山）

黑澤深山鍬形蟲 毛栗

Lucanus kurosawai

體　　長：♂ 27-45 mm　♀ 24-37 mm
棲息環境：中高海拔山區
習　　性：夜間具趨光性、趨樹
台灣特有種

2002 年 5 月初某天，與朋友一行四人開著我的喜美，由台北往南前進，目標是中部的大雪山森林遊樂區，一路上自然都在熱烈討論可能遇見的鍬形蟲。我們很快地抵達售票口，入園後放眼所及都是高聳的樹木，雖然分辨得出來的樹種不多，但聽著蟲鳴鳥叫，一樣能夠感受生態的豐富。夜觀時，樹旁的溫度計顯示為 15 度，我們隨即分兩隊往不同的區域探查，路燈下、投幣式飲料機前、卡氏櫧巨木樹幹上都有收穫。

時間來到子夜，五臟廟也開始躁動，本想一人一碗熱騰騰的泡麵，走到販賣機前才發現，四個人身上都是紙鈔，東湊西湊的零錢卻只夠買一碗，這碗泡麵讓我們沖了四次熱水，輪流吃喝取暖，之後回車上想要小睡，卻因為太冷遲遲無法入眠，直到凌晨四點遊樂區開門，驅車到山下的便利商店才稍微回神。我與 IPPO、猴哥、虎哥四個人燃盡熱血共度這一晚，為的就是本種，黑澤深山鍬形蟲。

牠有兩個別名：「蓬萊深山鍬形蟲」、「毛栗色深山鍬形蟲」。前者的由來是文獻說明本種鍬形蟲產於台灣，後者則是與其他幾種深山鍬形蟲同為「泛栗色」的種類，且本種全身布滿金色短毛

而得名。牠棲息在較高海拔山區，如觀霧、大雪山、梨山、阿里山等地，要找到並不難。

春末氣溫一樣冷涼，想到一趟路程好遠，總會少了幾分衝勁，2015 年感謝好友強力邀約走了一趟，先往碧綠神木燈光誘集（經過申請）調查特定昆蟲。回程車上，好友說要繞一段路，請我準備好相機，還沒搞清楚狀況，車子已經攀上海拔更高的山區，隨即停靠路邊。好友帶我攀上斜坡，在一棵大樹前停下，並得意地對我說：「傑哥，你不是想拍毛栗色嗎？看看樹幹上吧！」轉頭望向樹幹，發現幾隻毛栗色停在上面，這時我又張望四周，發現附近並沒有路燈與光源，這是真正的生態樣貌呀！

提到蟲停在樹幹上，其實森林就是動物躲藏的地點，像鍬形蟲這類昆蟲本來就會躲在樹洞或樹皮裂縫中，等適當時機再出來活動，只是本種發生期較為短暫，大發生的時間僅有 3 周，所以要掌控好時間。

腹部布滿金色細毛（福壽山農場）。

雌蟲體表散發光澤（福壽山農場）。

大型雄蟲耳突非常明顯（大雪山）。

羽化一段時間的小型雄蟲，
體表金毛已脫落（觀霧）。

交配時，雄蟲以大顎固定雌蟲（翠峰）。

· 鍬 · 鍬 · 話 ·

發生期指昆蟲出現的季節，例如這種昆蟲
出現的時間是 5 至 10 月，這段時間就是發
生期；大發生則是指本種昆蟲在發生期中，
出現數量最多的高峰期。

急色鬼般的小雄蟲用大顎控制
不願交配的雌蟲（大雪山）。

夜晚燈光誘集，人與蟲的光影（翠峰）。

高砂鋸鍬形蟲 高砂鋸

Prosopocoilus motschulskyii

體　　長：♂ 25-61 mm　♀ 24-30 mm
棲息環境：靠海平地與丘陵地
習　　性：夜晚具趨光性、趨樹

台灣特有種

玩蟲初期，由蟲友口中得知本種稀有少見，尤其大型雄蟲那彎曲彷彿充滿肌肉感的大顎，一直是蟲友們津津樂道與夢寐以求。後來得知北海岸的三芝是本種產地之一，短短一段路約十數盞白光路燈，發生期的夜晚總是門庭若市，各地蟲友齊聚至此，只為了一睹大型雄蟲風采，我不免俗地走了幾趟，一直未發現滿意的雄蟲，直到一位好友帶我去他的私密地點，才真正見識了那充滿力量的外觀。

5月底雨後微涼的夜晚，好友開車引領我進入一條鄉間小路，我看著路上昏黃的路燈，頗為失望地說：「都是黃燈，哪會有蟲！」好友微笑：「黃燈才好。」這句話真是耐人尋味，讓我瞬間墜入五里霧中。

下車後，跟著朋友在路燈下搜尋，不一會兒就發現超過10隻的鍬形蟲，而且都停在黃色路燈下。好友看到我臉上的驚喜表情，又接著說：「還沒結束，跟我來。」隨他走進路燈旁的樹林中，跟著手電筒光源巡視周圍，發現每棵樹上竟然停著各種大小的本種。在一段不到500公尺的小路，便觀察到超過百隻以上。這次發現再次痛擊我曾自豪的觀察經驗。

自然觀察的經驗是不斷地發現與求證而累積的。自從我看過趨黃燈的高砂鋸後，對鍬形蟲趨光的現象與原理更加好奇，後來才知道，鍬形蟲趨的不是顏色，或者說顏色的影響不大，而是光源的波長。目前山區的路燈陸續換成 LED 光源，夜晚發出耀眼的光芒，但幾乎沒有任何昆蟲被吸引至燈旁。近幾年流行使用車用 HID（4,500 至 5,500K）配上專用電源來誘集鍬形蟲，看那又白又亮的光線，以為與 LED 一樣沒看頭，但實際使用過後發覺效果還不錯，更覺得光源真是個有趣的課題。

後來又跑了幾個高砂鋸的棲地，發現與北部產的習性相同。夜幕低垂時，由樹根下的腐質或一旁的落葉中鑽出、慢慢爬上樹幹，也因為這樣的習性，讓許多不肖採集人使用挖土採集法（專門挖樹下的土），挖後又不將土回填，導致樹根裸露，使得樹木在颱風天被連根拔起。所幸這樣的行為開始遭人詬病抨擊，喜好此法的同好也收斂了，讓本種的棲息環境得以維持原來樣貌。

中型雄蟲的大顎內側像鋸子（和美）。

小型雄蟲頭頂可愛的剪刀牙（三芝）。　　大型雄蟲強壯的體態（淡水）。

雌蟲翅鞘上的條紋與刻痕是辨識特徵（淡水）。

趨黃色路燈的雄蟲停在路中央（淡水）。

（蘭嶼）

蘭嶼豆鍬形蟲 蘭嶼豆

Figulus curvicornis

體　　長：♂ 10-15 ㎜　♀ 10-15 ㎜
棲息環境：蘭嶼海岸林
習　　性：棲息於朽木中，常與幼蟲共棲

（蘭嶼）

蘭嶼矮鍬形蟲 蘭嶼矮

Figulus fissicollis

體　　長：♂ 6-8 ㎜　♀ 6-8 ㎜
棲息環境：蘭嶼海岸林
習　　性：棲息於朽木中，常與幼蟲共棲

自 2005 年與嘉義大學昆蟲館團隊踏上蘭嶼後，即對這美麗的小島念念不忘。第一次上島只待了 2 天，便因為家中發生急事，隨即買了機票趕回台北，但對島上的生態環境已了然於心。

美麗的海岸林、橫跨蘭嶼的中橫公路，以及大、小天池都是探訪生態的熱點，只可惜通往天池的道路為了方便遊客行走，特別規劃「天梯」而砍伐路旁的樹木，傾倒的樹幹上還有許多著生植物，當時一心惦著鍬形蟲，認為這些倒木腐朽後，將成為牠們繁殖產卵的好產木，但現在看來，卻是人類為了貪圖便利而破壞環境的工程。

隔年 5 月再次前往蘭嶼調查，第一天往天池路上選定本次探訪首要目標：各種枯朽木。由烈日曝曬的天梯通往森林底層，在蜿蜒的山徑中發現許多仍有路跡可循的小道，研判應是研究單位或是生態觀察人士留下，蹲下發現眼前祕境如綠色隧道般向我招手，定了神轉頭與同伴打招呼後便往內走，周圍倒木不多，用指甲試探腐朽程度後才決定是否進行下個動作，因為腐朽程度不夠或太過，都不是鍬形蟲會選擇

美麗的蘭嶼孕育出許多特別的物種。

產卵的目標，如果貿然進行調查，將其劈得四分五裂，便降低了其他生物利用的機會，所以針對枯朽木採集，如果不夠了解目標物種生態，這行為猶如殺雞取卵，不但無助於調查資訊，更是破壞生態。當天沒找到適合的調查樣本，僅稍微剝開幾棵倒木的樹皮，檢查是否有昆蟲食痕後，隨即趕上同伴前往天池。

第二天選定中橫公路為調查地點，到達蘭嶼氣象站（制高點）後，以步行做地毯式搜索，當天很幸運地發現了保育類昆蟲——圓斑球背象鼻蟲停在寄主植物上，雖然是漂亮的昆蟲，但卻提不起我的興趣，因為鍬才是我的最愛呀！簡單觀察後，隨即拿了裝備竄入林道中，森林底層濕度頗高，加上烈日讓我汗流浹背，但雙眼沒有停止搜尋一段段充滿苔蘚濃綠、經年黑褐、腐朽枯黃的倒木⋯⋯當天唯一找到的，是一隻在枯木下的鬼豔鍬形蟲三齡幼蟲，後來一場大雨結束了此行調查任務。

第三天和同伴決定各自帶著裝備往不同方向調查，順著環島公路繞行一周，凡海岸邊的森林，都被我列為一探究竟的區域。終於，在天池入口周邊的森林中找到合適枯木，剝開樹皮即看見甲蟲幼蟲鑽出的隧道與食痕，由隧道形狀與排泄物的堆積樣，貌確定是鍬形蟲。從外層慢慢翻找，食痕在不久後消失，為了保持枯朽木的再利用性，便將原先取下的朽木塊與樹皮整齊排列到倒木上，之後因專心調查其他昆蟲相，所以未再

左為蘭嶼矮鍬，右為蘭嶼豆鍬，從照片中可看出兩者體型差異。

積極找尋目標鍬形蟲。爾後雖然又去了蘭嶼數次，但總與牠們無緣，當時的悸動便悄悄地埋在心中。

直到 2015 年，幾位年輕好友去蘭嶼調查時，在一棵枯倒木同時發現蘭嶼豆鍬形蟲與蘭嶼矮鍬形蟲成蟲，而我僅在張永仁大哥寫的《台灣鍬形蟲》中看過這兩種鍬形蟲的標本照，為了撰寫本書，二話不說，立刻訂了機票前往蘭嶼，循著好友提供的資訊找到倒木，順利攝得夢寐以求的生態照。這個花了 10 年才完成的目標，讓我不禁想起自己常說的一句話：「與生態的緣分都是老天爺的安排。」

蘭嶼豆鍬形蟲 蘭嶼豆

找牠只能在枯朽木中碰運氣。

蘭嶼豆鍬的眼緣與大顎內齒突是辨識特徵。

運氣真是太好了，翻開樹皮就看到三隻。

蘭嶼矮鍬形蟲 蘭嶼矮

由眼緣可看出與蘭嶼豆鍬的差異。

· 鍬 · 鍬 · 話 ·

樹木遭遇外力斷裂、傾倒或自然死亡，經過真菌與生物利用分解後變成枯朽木，母鍬形蟲會選定適合的樹種與腐朽程度，鑽入朽木中產卵，有些小型的種類喜歡在樹皮與木質中間產卵，這類枯朽木聞起來帶有菇、蕈類特有的香味。

蘭嶼矮鍬側面。

鍬形蟲日記簿
夏日豔陽曬

我知道天氣很熱,但不要整天躲在冷氣房中,這樣會讓世界燒得更嚴重。到野外接受陽光的洗禮吧,將生命中的熱血喚醒,因為各種特殊、大型、美麗的鍬形蟲都在森林中等您。不要去想能不能找到,只要謹記季節、產地、海拔、習性一連串的密碼,輕鬆地往森林探訪,就能打開自然藏寶盒,與這些可愛的小精靈一起留下美麗回憶。

鹿角鍬形蟲 鹿角

Rhaetulus crenatus

體　　長：♂ 22-66 mm　♀ 22-45 mm
棲息環境：中低海拔森林
習　　性：夜晚具趨光性、趨樹液

1997 年入手《台灣鍬形蟲》這本書時，對書中介紹的各種鍬形蟲無不細細研讀，尤其是鹿角鍬形蟲，那酷似鹿角、看起來強壯有力的大顎，讓我無時無刻不渴望能在森林中與牠相遇。終於，一日好友來電，邀約前往烏來福山夜間採集，我隨口問了：「現在還能找到鹿角嗎？」他回答：「目前已8月底了，遇到的機會不高，但還是可以碰運氣。」聽完知道還有機會，當下便馬上答應並約定出發時間。

夏末的福山夜晚微涼，順著路燈一盞盞找尋，雖偶有斬獲，但無法提高我的腎上腺素。直到在信賢往福山方向、靠近涼亭的路燈旁，遠遠地發現沒有任何昆蟲飛舞，本想省略這盞燈，但好友堅持要找找，索性一起下車巡視路燈下與草叢，這時，站在杜鵑花叢邊的他大喊：「阿傑快來！」手指著一隻鍬形蟲對我說：「阿傑，你最想看的鍬形蟲出現了。」順著方向望去，看到一隻頭頂誇張彎曲大顎的鍬形蟲停在樹梢，靠近再確認大顎末端的分岔，果然是我朝思暮想的鹿角鍬形蟲，雖然體長才4公分出頭，但已讓我興奮了一整晚。

之後幾年，在路燈下零星發現過趨光個體，時間以6月中至7月底的盛夏時節最佳，但想要大量觀察卻不容易。直到一次在新竹山區林道步行觀察時，發現1隻小型雄蟲正在不知名的植物樹幹上爬，我心想：只有一個人，不趕時間，休息片刻也好，索性坐在旁邊盯著牠爬上樹枝，慢慢往上望去才發現：樹上好多鍬形蟲，而且樹梢許多蜂類、蛺蝶、鞘翅目昆蟲不斷飛舞。

這是我第一次發現鍬形蟲吸食樹液，因為好奇，所以觀察了植物樣貌，葉子邊緣呈鋸齒狀，樹幹上有雲斑狀的花紋，回家後查資料才知道，這是殼斗科植物中的青剛櫟。

由觀察樹種來找鍬形蟲並不容易，只有鎖定會流出樹液的青剛櫟才是王道，因為本種無論公母都愛這美味，而且在林道步行與觀望植物是非常健康的運動。會用「觀望」這個形容詞，是因為森林中的青剛櫟何其多，不是每棵樹都會留出汁液，會流汁液的樹一定有個特別的跡象：樹冠頂層飛舞著各種昆蟲。只要發現這樣的樹，就有機會輕鬆看到鹿角鍬形蟲。

由青剛櫟樹上掉下的鍬形蟲（尖石）。

小型雄蟲（福山）。

大型雄蟲看起來非常威武（四稜）。

彎曲強壯的大顎最吸引人（尖石）。

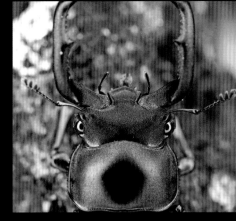

雄蟲的頭部與眼緣特寫。

雌蟲眼緣特寫，前胸背板邊緣呈鋸齒狀（烏來）。

·鍬·鍬·話·

鹿角鍬形蟲的雄蟲大顎威武好鬥，但是母蟲常被誤認為其他種類的雌蟲，最簡單的辨識方法除了外觀之外，使用指甲輕摳前胸背板的邊緣，如果感覺為明顯的鋸齒狀，那就是了！

雌蟲（南庄）。

CHAPTER

3

夏日豔陽曬

74

（太平山）

碧綠鬼鍬形蟲 碧綠鬼

Prismognathus piluensis

體　　長：♂ 17-28 mm　♀ 16-23 mm
棲息環境：中高海拔山區
習　　性：趨樹（夜晚喜歡停在長滿苔蘚的樹幹上）
台灣特有種

5月底是各種「泛栗色」深山鍬形蟲開始出沒的時間，也是台灣各種昆蟲陸續發生的季節，只要氣象單位預報未來幾天陽光普照，就是外出採集的好日子。

一次和好友相約上山採集，好友上車後，拿出地圖指著一片綠山區，地名是太平山，兩人互看一眼後，將車駛向北部頗負盛名的北宜公路（台北至宜蘭）。當年的九彎十八拐在雪山隧道通車後似乎已被遺忘，而我還記得在每個彎道撒三張紙錢孝敬好兄弟的習俗，為求平安，我們也買了一袋紙錢應景。很快地到了太平山入口收費站：土場，由海拔 300 公尺攀升至近 2,000 公尺的中海拔霧林帶，先向管理處報備並出示調查採集許可後，立即轉往今晚設置燈光誘集陷阱的位置，與好友說定：他守在燈旁，我往山莊沿線路燈調查。

這晚遊客不多，沒有月亮的星空下，山莊周圍的光源引領著我依序巡視，路燈下的草叢、電線桿、木製扶手。「今晚溫、濕度還不錯，怎麼會沒蟲？」我自言自語說著。雖然一人看似孤單，但偽裝樹枝的竹節蟲、樹幹上平攤雙翅的蛾類與搭啦作響的莫氏樹蛙都是暗夜良伴。沒找到鍬形蟲，看看樹幹的地衣苔蘚也不錯，拿著光源的手與眼沒停下，

協調的搜尋四周蟲蹤，重複著慣性行為，終於在樹皮上找到「一個反光點」。這個反射手電筒光源的點不大，但肯定是鞘翅目昆蟲，剪刀般的大顎透露出身分，當下由眼緣特徵與體長來看似乎是鬼鍬的一種，可手邊沒有圖鑑資料無法比對，只好接續走完最後一盞燈。牠是今晚的第一隻也是最後一隻，漫步回到燈光誘集處，好友看了直跟我說：「你太強運了，這是碧綠鬼鍬呀！」

後來在大雪山森林遊樂園執行調查計畫，特別選定海拔 1,800 公尺左右的地點使用燈光陷阱誘集，好幾次傍晚調查時，已發現牠躲藏大樹的樹皮縫中，特別在附近架起燈光，晚上七點半一到，該趨光飛來的蟲與鍬未曾缺席，唯獨牠老神在在，穩穩停在樹幹上不受光源吸引，不知等待著什麼？這也是本種特色之一。但母蟲實在不好找尋，除了劈木之外，似乎沒有更好的辦法，不喜此道的我，一直又過了好多年，才終於在太平山的翠峰湖林道上遇見白天逛大街的個體。

小型雄蟲（太平山）。

大顎齒型與眼緣特徵（太平山）。

中型以上的雄蟲大顎已出現上齒突（太平山）。

雌蟲體色偏深棕（大雪山）。

人工飼養的方式養出超巨大雄蟲。

體表反射光源後出現淡淡的金屬綠（太平山）。

雌蟲大顎的上齒突是鬼鍬屬特色之一（大雪山）。

樹幹上小小的反光就是牠（太平山）。

·|·鍬·鍬·話·|·

太平山是當年台灣三大林場之一（阿里山、八仙山），現在則是風景優美的國家森林遊樂區，目前這裡的觀察紀錄共有 11 屬 26 種鍬形蟲，是生態觀察與自然踏青的好去處。

（蘭嶼）

蘭嶼角葫蘆鍬形蟲 蘭嶼角

Nigidius baeri

體　　長：♂ 15-22 mm　♀ 15-22 mm
棲息環境：蘭嶼
習　　性：常與幼蟲共棲

（蘭嶼）

姬扁鍬形蟲 姬扁

Dorcus parvulus

體　　長：♂ 11-19 ㎜　♀ 10-22 ㎜
棲息環境：蘭嶼、綠島的海岸林中
習　　性：夜間具有趨光性

第二次造訪蘭嶼是在 2006 年 7 月，盛夏與初春的感覺真是大不同，白天酷熱難耐，但傍晚溫度下降後變得舒適，想必生物相也能為我帶來驚喜吧！這次的調查方式稍作變更，以夜行性與趨光昆蟲為主。第一晚將裝備上身後，騎著機車開始環島，公路上的黃色路燈如同塔台般指引趨光昆蟲的方向，而我也是趨光生物之一，不同的是，騎乘機車破風前行。

這夜見了島上大聲公：蘭嶼姬兜，雖然是夏日限定，但朋友告訴我其他季節也可零星發現。攝影紀錄時也許動作稍大，讓牠如臨大敵般的擠壓身體構造，發出「嘶！嘶！」氣聲，看來大聲公的外號絕非空穴來風。

接著一路繞上中橫的蘭嶼氣象站，看到辦公室窗口透出熟悉的白光，心想「可能還有人執勤吧」，但雙腳已自動走向燈光，窗台紗網上有幾隻懶洋洋的蛾與金龜子，習慣性地搜尋窗框下緣，發現幾隻昆蟲屍體，其中一個黑褐色甲蟲引起我的注意，想起蘭嶼有種小型的大鍬屬「姬扁鍬形蟲」，觀察後確認是這個種類，沒想到得來全不費功夫。這時屋內走出一位大哥，在微弱的光線下端詳我。「大哥您好，我是來調查昆蟲的。」沒等他開口，我率先發難，他聽了微微一笑說：

「找哪些昆蟲？」將手上的鍬形蟲展示給他看，大哥看了一眼說道：「這種蟲在 7、8 月時非常多，都會飛到這邊的燈下，是蟾蜍愛吃的食物喔！」語畢，便帶著我在氣象站周圍找蟾蜍，果然個個營養過剩。看了一眼蟾蜍的排泄物，發現幾乎都是鞘翅目昆蟲，不好消化的大顎與翅鞘都明顯可見，牆角邊還有幾隻姬扁正緩緩爬向光源，原來這種類是強趨光。

第二天在海岸林調查其他昆蟲，與同伴撿拾熟透掉落地面的林投果，一口一口體驗傳說中椰子蟹的食物，特殊的味道與口感讓人難忘。品嚐之餘也沒忘記本業，將果實上的昆蟲檢查一番，並不忘翻找橫躺地面的林投枯枝，過程中發現姬扁的成蟲、幼蟲共棲其中，這蟲還真是不挑食呀！

繼續往下個地點前進，快到東清灣時，同伴說想要小解，所以閃到旁邊雜木叢中，我則是閒晃到林中看植物。沒想到有條小路徑出現在眼前，走進去全是礁岩地形，岩壁上還著生不少蘭嶼秋海棠，邊拍邊觀望地上，發現一截小腿粗的枯朽木，從樹皮的狀態判斷，應該是腐朽得差不多了，旁邊還散落昆蟲取食造成的木屑。基於直覺當然要調查一下，這時同伴也過來看著枯朽木，我們一人檢查一邊，才掰開表

面的樹皮，馬上發現幼蟲的蹤跡，另一端則傳來好消息：「發現鍬形蟲了！」沒想到靠近道路的雜木林也能找到鍬形蟲，觀看後發現是小型的種類，之前看圖鑑已將牠們的特徵牢記在心。第一個認大顎基部外側大型上齒突，第二是眼緣的大片突起酷似「彌勒佛耳朵」，兩項都符合，確認這是蘭嶼角葫蘆鍬形蟲，此行終於發現只有蘭嶼才能看見的可愛種類。

蘭嶼的中橫公路是探訪生態的重要區域。

蘭嶼角葫蘆鍬形蟲 蘭嶼角

找對木頭，一次可發現多隻。

由側面可清楚看出頭部、大顎（弧形上齒突）形狀。

· 鍬 · 鍬 · 話 ·

蘭嶼是個到處都充滿生物的地方，馬路上常能發現各種動物通行，晚上更有保育類動物出沒，無論騎車或駕駛汽車，千萬要記好：「放慢車速，維護彼此的安全」，避免動物遭到路殺。

姬扁鍬形蟲 姬扁

除了大顎之外，前胸背板的形狀也可分辨雌雄喔（左雄右雌）。

深棕的體色，體表布滿刻痕。

找對木頭，通常都可以發現一窩。

台灣鏽鍬形蟲 鏽鍬

Dorcus taiwanicus

體　　長：♂ 14-25 mm　♀ 14-21 mm
棲息環境：中低海拔山區
習　　性：夜晚具趨光性、趨腐果
台灣特有種

「寂靜夜裡總有顆悸動的心。」這句話足以形容當時瘋狂找尋鍬形蟲的我。9月通常已是鍬形蟲的季末，入夜的溫度稍有涼意，但我總還是在下班後精神抖擻地衝向山區，希望多了解鍬形蟲的生態。

忘記是象神還是納莉颱風那年，烏來通往福山的道路因土石而流柔腸寸斷，一周後道路搶通，撥電話確認道路資訊後，迫不及待開車載著老婆直往上衝。原本越夜人越多的烏來街道竟如死城，雖然一路通行無阻，但是道路滿目瘡痍，光閃避小石塊與泥水就耗掉大半精神。好不容易來到福山村，路燈一如往常照亮街道，拿著手電筒往熟悉的路線前進，突然有人向我們打招呼，是福山派出所的執勤警員，知道我與老婆來觀察生態後，熱心提醒我們安全事項，算是那晚令人振奮精神的小插曲。

牽著老婆進入所謂的「搖滾區」，其實不過是溪流旁的道路，因為對岸是林相保持較完整的森林，所以夜晚趨光到燈下的蟲較多。沿著溪畔以手電筒查看四周，找尋地面爬行或停在燈旁樹枝上的鍬形蟲，眼尖的老婆發現傾斜的圍牆邊有個褐色物體在移動，蹲低後，看清楚物體的特徵，「是鍬形蟲耶！」依稀記得在木生昆蟲館看過外觀如同鐵器生鏽般的「鏽鍬形蟲」，就是牠！這是我第一次在野外發現本種，也是當晚唯一的收穫。

本種為盛夏的常見種，5至9月較容易在野外觀察到，但體型不大、顏色易與環境結合，所以常被忽略。有一年8月在南投力行產業道路點燈調查昆蟲相，聞到附近傳來腐熟果實的氣味，心中想著：「跑這麼遠丟鳳梨陷阱？」跟著氣味到了一棵樹下，是一堆顏色呈現黑褐、爛掉流汁的蜜蘋果，這應該是果農丟棄的。隨手撿了根樹枝開始翻找，由裡面翻出母扁鍬、小平頭還有鏽鍬，看到鏽鍬時還愣了一下，因為之前沒有這樣的觀察紀錄。

回到水銀燈下，發現蟲已開始飛了，將各種要送回學校的昆蟲採集完畢後，見到一隻鏽鍬停在燈座下，旁邊的水泥護欄、草叢邊，也都發現了趨光的個體，細想周邊林相保持完整，沒有破壞的森林，才是鍬形蟲的樂園！

趨光而來，配對成功的個體（力行產業道路）。

雄蟲大顎基部寬厚（英士）。

· 鍬 · 鍬 · 話 ·

觀察森林的方法很簡單，如果一眼望去都
是相同的樹種或果樹，這樣的環境植物太
過單一，無法供給各種生物的生存需求。
如果想要觀察鍬形蟲，可以找尋森林樣貌
較為豐富的原始林或次生林喔！

雌蟲（福山）。

標準的鏽鍬體色（烏來）。

剛由泥土鑽出的雄蟲（尖石）。

腹部布滿金色細毛。

（烏來）

姬深山鍬形蟲 姬深、小圓耳

Lucanus swinhoei

體　　長：♂ 27-58 mm　♀ 20-31 mm
棲息環境：中低海拔山區
習　　性：夜晚具趨光性、趨樹液、趨腐果
台灣特有種

我與姬深山的故事真的說不完，看過幾個熱門產地的興衰，只能期待自然環境不再遭受破壞！

2002 年與三位好友在大雪山一夜沒睡，凌晨四點森林遊樂區開門後直往埔里清境農場，一路上，眾人熱烈討論鍬形蟲的生態與故事，任由腎上腺素硬生生戰勝生理上的疲累。當年這個地方的餐廳民宿不似現在四處林立，仔細找尋，尚能發現若干樣貌完整的森林，從青青草原購票進入，本以為要看綿羊剃毛秀，但好友露出神祕笑容，讓我丈二金剛摸不著頭緒。

隨後走到一棵大樹下，樹皮與種植蘭花的「橡木皮」非常類似，上面長滿各種地衣苔蘚，由此判斷，這裡應是午後起雲霧的霧林帶。看好友仰起頭張望，我也跟著望向樹梢，因為葉緣呈鋸齒狀，直覺與青剛櫟應是同類樹種，好友拍了我肩膀說：「這是栓皮櫟啦，還不快找鍬形蟲！」望向他遙指的那端，果然有隻頂著誇張大顎的雄蟲在樹幹上爬行，當天發現的就是本種——牠們喜歡在殼斗科植物上活動。

隔年在新竹縣尖石鄉後山調查時，我以步行方式一路觀察植物與昆蟲，遠遠看到地上有昆蟲在爬行，靠近後發現是姬深山小型雄蟲，但是模樣有點奇怪，撿起來後才知道沒有腹部！正覺得不可置信時，又發現地上滿是蟲屍，而且獨缺腹部，料想這群苦主應該是遭到鳥類攻擊捕食，但附近沒有青剛櫟也沒有栓皮櫟，往旁邊竹林觀察，赫然發現竹枝新芽上滿滿的姬深山鍬形蟲。

曾經在宜蘭與新北市交界，海拔約 800 公尺的山區調查時，手扶著樹幹觀察蘭花，壓根沒想到一個小小的震動，就讓超過 5 公分的大型雄蟲落下，這樣的機緣，也成就了個人野外觀察本種最大的紀錄。

找尋姬深山其實很簡單，本種除了趨光之外，也在各種殼斗科植物上取食汁液，而且低海拔森林到霧林帶都能發現，是相當容易觀察的種類。但是將近 20 年的時光，上述兩個大產地的環境都出現變化，森林變成蔬果農園，川流人車取代棲息的生物，森林不斷的開發與拓墾，漂亮豪華的民宿越來越多，讓原本常見的昆蟲變得越發難找——但我們往往都忘了，只有維持森林的樣貌，才會有生態呀！

聚集在竹林中的姬深山（尖石）。

遭到鳥類啄食腹部的雄蟲（坪林）。

逆光景色的雄蟲（尖石）。

雌蟲（清境）。

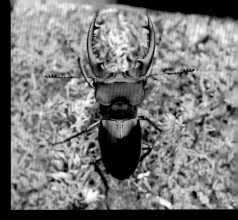

自栓皮櫟樹上掉落的雄蟲（清境）。

姬深山鍬形蟲喜歡吸食各種植物的
汁液，除了上述的殼斗科植物外，
欒樹、構樹、腐敗的果實，甚至是
竹子的新芽上都能發現牠的蹤跡，
只要在產季的 5 至 8 月初都能找
找，也許能發現更多的生態樣貌。

小型雄蟲的耳突不明顯（北橫）。

（思源啞口）

平頭大鍬形蟲 平頭、三輪大鍬形蟲

體　　長： ♂ 22-72 mm　♀ 25-37 mm
棲息環境：中低海拔山區
習　　性：夜晚具趨光性、趨樹液、趨腐果

Dorcus miwai

台灣特有種

剛接觸鍬形蟲時，看到好友採集到一隻 7 公分的雄蟲，粗壯的大顎與寬厚的前胸背板，馬上吸引了我的注意，夢想自己能遇到一樣巨大的個體。

第一次與本種相遇，是在北部橫貫公路的上巴陵，那次與幾位蟲友探訪路燈採集，當晚霧氣迷濛，部落裡星光般的燈源變成巨大光暈，彷彿是張捕蟲網般將我們與蟲全部囊括。我在路上嗅到奇異的果香，跟著味道走時引起蟲友注意，一同往前找尋，在路旁電線桿後發現成堆的鳳梨皮，不時有果蠅飛舞，好奇的我伸手翻動鳳梨皮，發現一隻正忘情舔食香濃汁液的雄蟲，體型雖然不大，卻是我與本種的第一次接觸。

有幾年常跑中橫沿線，不僅是探尋蟲蹤，還有體驗沿途美好的自然景色，尤其過了武陵農場的岔路往梨山方向、還有梨山往大禹嶺、往佳陽社區的路上，可以飽覽壯麗景緻，遠眺中央山脈。當然，這裡也是本種的重要棲地，除了晚上找尋路燈下趨光的個體外，在清晨或傍晚也可在馬路發現爬行的個體。有時山區果農會將賣相不好或腐壞的水果堆置路邊，果香吸引各種昆蟲前來取食，也是找尋本種的方式之一，不過，翻找前請先向果農打個招呼，避免誤會。可惜 2003 年起，梨山因病蟲害嚴重，噴灑農藥導致蟲況一蹶不振，直到這幾年才稍微恢復。

南部賞蟲勝地藤枝森林遊樂園是探訪鍬形蟲生態的好去處。一次與好友兩人走在森林步道中，邊觀察生態邊討論鍬形蟲的生態，路邊橫著一棵直徑約 1 公尺的枯倒木，朋友說平頭大鍬的母蟲最愛在這種又大又粗的木頭產卵，話才說完，便發現旁邊有一隻母鍬形蟲，仔細觀察後發現，這是極小型公蟲，只是大顎內緣沒有齒突，乍看之下與母蟲非常相似，後來才知道，許多蟲友也都有看錯的經驗。

2015 年 6 月底與家人在新竹後山的林道露營，一棵颱風吹倒的樹木橫躺在山坡上已經數年，經過時瞥見樹皮略有脫落，便與兒子于哲一同前往觀察，赫然發現裸露木質的樹幹上有隻正在產卵的母鍬形蟲，為避免動作太大干擾牠，我們以非常緩慢的速度靠近，由翅鞘上的特徵發現，是平頭雌蟲。可惜，還沒來得及留下影像，該蟲就鑽入樹皮深處，讓我懊悔不已。

本種通常在夜晚十一點後才會出現（尖石）。

夜晚趨光的大型雄蟲（杉林溪）。

地上爬行的大型雄蟲（佳陽）。

小型雄蟲大顎內齒不明顯（尖石）。

生命結束後，外觀尚保持完整的大型雄蟲（慈恩）。

剛趨光飛來的雌蟲，
翅鞘的縱紋與刻點非常明顯（上巴陵）。

雌蟲的頭部特寫（杉林溪）。

（三峽）

圓翅鋸鍬形蟲 圓翅鋸

Prosopocoilus forficula austerus

體　　長：♂ 29-62 mm　♀ 25-40 mm
棲息環境：中低海拔山區
習　　性：夜晚具趨光性、趨樹液

2002 年 7 月，我騎著機車帶老婆到新北市坪林露營，晚上因為營位不夠，所以又與老婆騎回台北市，回程路上不忘探訪路燈，無奈沒找到任何鍬形蟲。

行經新烏路口時突然轉念，左轉往烏來方向前進，過了烏來台車站後便順著南勢溪探訪，停在信賢吊橋旁時，心想：「如果再找不到蟲就回家好了。」走向橋旁最後一盞路燈，仔細找尋後仍一無所獲，跨上機車決定打道回府。突然，老婆眼睛餘光瞄到路旁陰暗處似乎有一物體緩慢移動，手指著該方向說：「那是鍬形蟲嗎？」打開手電筒順著光源，看到一隻背後明顯隆起的鍬形蟲，拾起後，老婆還說這蟲怎麼「駝背」？由大顎的特徵確定為圓翅鋸鍬形蟲！體長僅有 42mm 的小型雄蟲。

2004 年 6 月前往思源啞口探訪深山屬鍬形蟲，無奈預測時間稍早，當晚目標蟲沒現身，所以以九點提早收燈回家。下山經過泰雅大橋時，忽然想起朋友說過，這裡是圓翅鋸鍬形蟲的產地之一。回頭問過老婆的意見後，將車子安全停在路旁，拿起手電筒便一路往橋上走去，腦海中想著附近的景觀，橫跨蘭陽溪的橋體，除了溪床上的西瓜田外，省道旁的岩壁植物少得可憐，大部分路

段都經過土石流的蹂躪，每年颱風季後的修復工程不斷，如果這裡能發現鍬形蟲，那肯定是由很遠的森林飛過來的。

這時，第一隻甲蟲出現了，是隻獨角仙雄蟲躺在路上掙扎。「還好讓我發現了，不然會被車輪壓扁吧！」這樣想的同時，順手將牠撿到路旁放妥。老婆則在旁拿起手中的鍬形蟲問我：「這是扁鍬形蟲嗎？」那瞬間我忍不住歡呼起來，仔細端詳大顎內側不對稱的內齒，品味牠特有的厚實背部，這是大型的圓翅鋸雄蟲呀！

其後在中部以北的山區都有觀察紀錄，除了趨光外，也趨殼斗科植物樹液。本種的趨光特質與其他強趨光的種類不同，此種飛近光源後會緩慢爬行至附近草叢或石縫中，面對光源躲藏。另外幾次山區燈光誘集昆蟲調查時發現，本種趨光時間約晚上八點前後，靠近光源處會以畫圓的方式盤旋幾圈再降落，然後爬行到離光源 1 至 5 公尺的地方躲藏，與之前觀察的行為相仿，是非常有趣的現象。

雌蟲體表充滿細微刻點（烏來）。

大型雄蟲（烏來）。

由側面可看出雌雄背後皆特別隆起（三峽）。

小型雄蟲大顎內齒細小（北橫）。

大顎基部不對稱內齒是大型雄蟲的特徵（烏來）。

小型雄蟲（嘎拉賀）。

雌蟲側面背後隆起，被蟲友暱稱為「駝背鍬」。

· 鍬 · 鍬 · 話 ·

找尋本種多年發現，海拔 400 至 1,500 公尺的山區，依照經驗，各產地環境樣貌除了較少開發干擾外，還有個共同點，就是附近一定有溪流，推測與牠幼生時期喜好較潮濕的朽木有關。

（南橫東段）

台灣深山鍬形蟲 台深、角耳

Lucanus formosanus

體　　長： ♂ 35-85 mm　♀ 27-45 mm
棲息環境：中低海拔山區
習　　性：夜晚具趨光性、趨樹液

台灣特有種

1999 年與蟲友前往烏來夜探鍬形蟲，將車停在信賢後，兩人開始徒步觀察，行經一棵大櫻花樹旁的路燈，依照往常經驗，這盞燈通常不會有什麼蟲，主因是樹木擋住光源，但這次發現旁邊樹枝稍有動靜，立即將手電筒照過去，是隻大型雄蟲在樹枝上爬行。採集後，朋友看見在我手上的鍬形蟲後馬上大喊：「好大的台深呀！」這的確是當時看過最大的雄蟲，體型應該超過 75mm。讚嘆一番後發現，左後足缺跗節，對我來說，實在不能接受昆蟲的不完整，所以讓牠爬回樹上，徒留蟲友在一旁大喊：「好可惜！」

2005 年與一群好友相約新竹山區賞蟲，當天一早先往內灣後山，在熟悉的林道找尋青剛櫟，其中數棵位於道路旁，下車後大家抬頭觀望，一眼就發現數隻台深在樹枝上吸食樹液，旁邊還有其他昆蟲。觀察結束，我們轉往一條較低海拔的獵徑，那是我的私人景點，因為即便青剛櫟滿山遍野，但不是每棵都能流出樹液吸引昆蟲，不過獵徑中整排的樹隨時都有昆蟲來訪。沿著不明顯的路徑慢慢前進，遠遠的就聽到高頻率的昆蟲振翅聲響，以為是大虎頭蜂在附近，連忙比手勢請大家蹲下先避風頭，聽聲音好像就在旁邊，慢慢抬起頭，原來是隻台深雄蟲停在身邊的芒草上，此時，我們又在樹上發現為數不少鍬形蟲。本以為這條獵徑會是我每次探訪昆蟲的熱點，無奈一年後，颱風引發的土石流將整片森林推落山谷，如今僅剩下回憶。

本種堪稱台灣最有趣的鍬形蟲之一，主因是雄蟲外形富有變化。新北市以南、新竹以北的大顎的形狀粗長，所以稱為「北部型」；苗栗以南、包含南投的雄蟲，大顎形狀細長，稱為「中部型」；嘉義以南至屏東的雄蟲，大顎極為粗短，稱為「南部型」；至於花蓮、台東產的雄蟲外形，個人認為類似北台深與南台深的合體，所以稱為「東部型」。

由於縣市界線與生態界線不同，所以沒列出來的縣市代表較為模糊的區域。直到 2010 年東海大學林仲平教授與黃仁磐先生的論文，研究台灣深山鍬形蟲的親緣關係，以北、中、南、東各地區的個體做研究，但出來的資料分為三型：北、中、東南。簡言之，南部與東部是同型，其結果非常值得有興趣的人再討論研究。

夜晚趨光的中型雄蟲，
大顎細長（力行產業道路）。

樹上掉落的小型雄蟲（奧萬大）。

夜間趨光的大型雄蟲，大顎粗短（藤枝）。

路燈下的中型雄蟲（新店）

自青剛櫟樹掉落的大型雄蟲（北橫）。

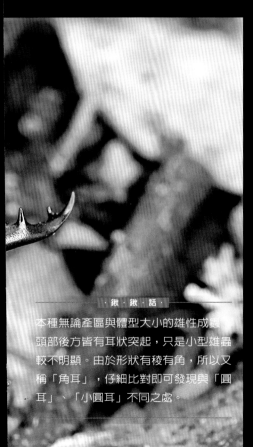

雌蟲（烏來）。

・鍬・鍬・話

本種無論產區與體型大小的雄性成蟲
頭部後方皆有耳狀突起，只是小型雄蟲
較不明顯。由於形狀有稜有角，所以又
稱「角耳」，仔細比對即可發現與「圓
耳」、「小圓耳」不同之處。

雌蟲頭部與眼緣突起特寫（尖石）。

漆黑鹿角鍬形蟲 漆黑

Pseudorhaetus sinicus concolor

體　　長：♂ 27-66 mm　♀ 22-45 mm
棲息環境：中低海拔山區
習　　性：傍晚與夜間具趨光性、趨樹液

本種鍬形蟲曾是我心中的神話物種，因當時對牠的生態一無所知，只知道非常不好找，而且許多資深蟲友都說，本種夜晚不趨光。直到1999年底，前往苗栗南庄拜訪忘年好友，回程發現有條岔路可通往鹿湖，當下即前往探路，雖然路況稍差，但轎車尚可行駛。沿途的植物林相非常好，GPS顯示海拔來到1,000公尺的山區，看沿途林相皆為殼斗科植物，應該是個下午會起雲霧的霧林帶，到達制高點前，有片面向森林的空地，視野廣闊非常適合燈光誘集昆蟲，當下決定：隔年夏季前來探點。

2000年7月初下午五點來到這塊空地，拉動發電機後，插上電腦電源線，順手將誘集燈與白布設置好，在山林間享受做資料的輕鬆，到車上拿飲料與晚餐時，突然發現白布上多了一個黑影！靠近一看，是翅鞘如烤漆般光亮的漆黑鹿角。不是說本種不趨光嗎？怎麼會飛到布上停著？正懷疑的當下，一個物體撞到水銀燈掉在地上，轉頭一看，又是1隻漆黑鹿角雄蟲！撿起後百思不得其解，當晚在十點後熄燈，雖然本種未再趨光，但也沉浸在新發現的喜悅中。

隔年與蟲友分享本種趨光的經驗，並於7月邀約一同前往鹿湖探訪生態。我們沿路找尋趨樹液的甲蟲，蟲友在一棵青剛櫟前停下腳步，舉起雙手阻擋刺眼的陽光，靠著枝葉間逆光的剪影找尋，我也依樣畫葫蘆照著做，只是尚未掌控訣竅亂看一通。突然蟲友大喊：「漆黑！」嚇了我一跳，靠過去看後，果然在樹枝上發現漆黑鹿角的剪影，這也是我第一次在野外觀察本種自然的樣貌。當天一樣下午五點就將燈亮起，五點半前後飛來1隻雄性，證明本種確實會趨光，而且屬於早趨光。

聽資深蟲友說過，1990年代只要在山區找到「漆黑樹」，就能在發生期的早晨看到本種排隊爬上樹，一天超過百隻絕對不是問題。打從找蟲的日子開始，我從沒忘記傳說的樹，所以不斷地到處探訪，後來發現殼斗科植物就是此樹種，盛夏時節流出汁液即能吸引牠們上樹。只是時過境遷，山區已被開發，許多樹木遭到砍伐，鍬形蟲的棲地消失，想要看到傳說中的盛況，只能祈禱森林不再遭受破壞。

火燒栲樹上掉下的中型雄蟲（觀霧）。

腿節為鮮豔的紅色（觀霧）。

外表如鋼琴烤漆般的小型雄蟲（北橫）。

本種雌蟲與鹿角雌蟲非常相似，
但體表更為光亮（北橫）。

雌蟲眼緣後方的小突起是辨識特徵（北橫）。

· 鍬 · 鍬 · 話 ·

中國也有漆黑鹿角分布，但六腳的腿節
為紅色，所以之前曾用這個特徵來分辨
產地。實地調查台灣各產地的個體後發
現，由新北市、桃園、新竹至苗栗，越
往南部，腿節為紅色的比例越高。

雄蟲大顎彎曲的程度不輸給鹿角鍬形蟲（尖石）。

雄蟲眼緣後方突起如同耳垂（北橫）。

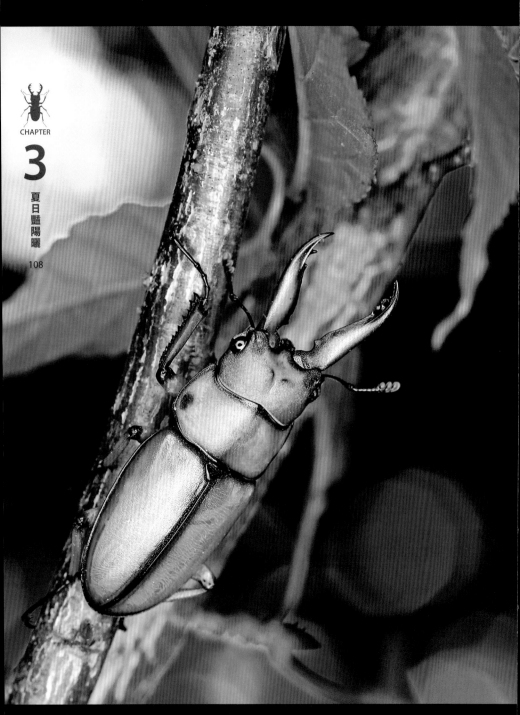

（尖石）

兩點鋸鍬形蟲 兩點赤

Prosopocoilus astacoides blanchardi

體　　長：♂ 25-70 mm　♀ 18-35 mm
棲息環境：中低海拔山區
習　　性：夜間具趨光性、趨樹液

小時候總以為鍬形蟲都是黑色，國小三年級（1982年）在圓山飯店後山拾獲人生第一隻鍬形蟲（高砂鋸）後才知道：鍬形蟲有褐色。後來翻閱鍬形蟲圖鑑又發現：鍬的世界其實是色彩繽紛。

第一次到北部橫貫公路探訪生態，蟲友相約晚上九點在下巴陵收費站碰面（當時要收費），我提早約半小時到達，附近路燈有不少昆蟲飛舞，邊等邊觀察的想法驅使我往光源前進。第一盞燈旁就發現停在樹幹上的扁鍬形蟲、天牛、金龜子，第二盞燈下似乎沒什麼甲蟲，遠遠的就看到第三盞燈旁的樹幹上有個黃色物體在移動，當下並不認為那是目標物。這時，陸續抵達的蟲友們前來打招呼，一位眼尖的蟲友說：「你沒看到樹幹上有隻兩點鋸嗎？」蟲友抓下後放在手上，是隻約6公分的中型雄蟲，美麗體色配上如鋸子般的大顎，讓我牢牢記住了牠的樣貌。

本種發生季節為4到9月，幾乎囊括了整個蟲季，個人觀察大發生的時間為6月中至7月底，正好是深山屬發生的時間。

有一年到南投力行產業道路點燈誘集，當晚的目標物是栗色深山，晚上六點到九點短短3個小時，共飛來50隻以上的各種鍬形蟲，其中兩點鋸就超過30隻，最大的雄蟲體長7公分，也是個人觀察本種紀錄中最大的個體。

第一次到南橫觀察生態是搭乘在地朋友的車，沿途高聳的樹木展現森林的自然樣貌，盛夏溽熱的氣溫也隨著海拔升高而變得舒適。在向陽國家森林公園停好車，以步行方式在園區周邊與道路找尋目標物，好運的友人在園區外路旁枯倒木發現目標植物（當時對植物還沒興趣），我則是在旁邊看熱鬧，突然，枯木下爬出1隻兩點鋸雌蟲，預料外的蟲子讓我們又驚又喜，目標植物頓時成了配角。

記得當年蟲友說過，北橫有棵「兩點鋸樹」，大發生季節時，樹幹與樹枝上滿滿的兩點鋸，只要在樹下輕輕一搖，就會下起鍬形蟲雨。這樣的情境，我不知幻想過多少次，但山區何其大！想在森林中找到這樣的一棵樹並不容易，正因為如此，多年來養成良好的觀察習慣，到達山區後先看林相，抽絲剝繭般地找尋鍬形蟲聚集的那棵樹，我想，總有一天會找到傳說中的兩點鋸樹。

大型雄蟲頭部與大顎為紅棕色（北橫）。

夜晚趨光的對蟲（梨山）。

安全降落尚未收翅的小型雄蟲（北橫）。

趨光的大型雄蟲（力行產業道路）。

從青剛櫟掉下的雌蟲（尖石）。

前一晚趨光未飛走的小型雄蟲（清境）。

從青剛櫟掉落的中型雄蟲（南庄）。

------ ·鍬·鍬·話· ------

找尋聚集昆蟲的植物不難，走在森林中或林
道上，請特別注意樹冠頂層或樹幹，因為流
出汁液的樹幹如免費自助餐，所以會有許多
昆蟲（蛺蝶、金龜子、虎頭蜂）在附近飛舞。

（松崗）

栗色深山鍬形蟲 栗色

Lucanus kanoi kanoi

體　　長：♂ 30-57 mm ♀ 25-43 mm
棲息環境：中海拔山區
習　　性：夜晚具趨光性、日間地面爬行
台灣特有亞種

剛回到甲蟲世界的初期，曾聽朋友提過，有一種不常見的栗色深山鍬形蟲棲息在海拔較高的山區，但知道產地的人不多。當時，我心中記下這段話，希望能找到這種鍬形蟲。2003 年 6 月於網路上看到蟲友分享本種生態照，知道目前是發生期，內心希望探訪的悸動再次燃起。

應一位蟲友邀約前往中部山區探訪，但需要四輪驅動車，因為這次要去的是力行產業道路，有幾段路是崩塌地形，一般車不容易行駛。好不容易到達預定點燈的環境時，蟲友才告訴我：「這裡會有栗色深山喔！」我的神經頓時緊繃了起來，觀察四周的林相，多為闊葉樹種參雜針葉樹，海拔應該在 1,400 公尺上下。

晚上把燈點亮後，各種昆蟲陸續飛來，最早報到的是兩點鋸雌蟲，但接著竟然下雨了，照過去經驗判斷：「雨大蟲不飛」。幫燈綁傘後躲回車上，「雨停即尋燈，雨下回車上」，當晚就這樣忽下忽停，直到收燈都不見目標物蹤影。通常，收完裝備後會再做一次總檢查，搜尋護欄邊時，發現 1 隻鍬形蟲停在牆上，這不就是栗色深山嗎？蟲友聽到後馬上也在附近找尋，當晚總共來了4 隻，讓我一償宿願。

多年來已在不少山區觀察過本種，但心中卻還有個小小的遺憾：與摯友的約定。

之前曾與他有約，要帶他去看栗色深山鍬形蟲，每年產季一到，我們往往馬上驅車直奔目的地。2010 年那次，聽說沒什麼人上山，在路上與他聊起「累積」的理論，沒人來找蟲，表示找到的機會很大。當晚充滿期待地點亮燈，然後一隻都沒有！

隔年前進力行產業道路，因為颱風剛過不久，道路殘破泥濘好不危險，摯友在車上擔憂地望著我說：「把我安全地帶出去就好。」雖然熱血無比地衝進去再開出來，但那年還是與栗色無緣。

2013 年一樣相約上山賞蟲，還邀約了一位朋友，三人一路討論分享各種昆蟲的經驗，當晚天氣不錯，而且溫度、濕度都剛好，看來今晚應該大豐收，但 3 個小時之後我們又槓龜了。這樣年復一年，槓了又槓，終於在 2015 年一吐晦氣，我們沒忘記約定，當晚五點才上山，山神給我們面子，燈亮起後 2 小時內，來了 10 多隻目標蟲，這個多年的栗色魔咒終於打破，完成了我對朋友的承諾。

在燈光下，
體色更像「栗子」的小型雄蟲（梨山）。

小型雄蟲耳突不明顯（松崗）。

大顎畸形的大型雄蟲，體色偏黑（松崗）。

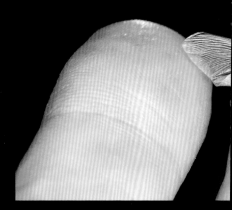

趨光而來的中型雄蟲（力行產業道路）。

趨路燈的雌蟲（佳陽）。

小型雄蟲遇到雌蟲馬上護雌（松崗）。

尚未收翅的大型雄蟲（松崗）。

（太平山）

黑栗色深山鍬形蟲 黑栗色

Lucanus kanoi piceus
栗色深山北部亞種

體　　長：♂ 30-57 mm　♀ 25-43 mm
棲息環境：中海拔山區
習　　性：夜晚具趨光性、日間地面爬行
台灣特有亞種

第一次與黑栗色深山鍬形蟲相遇的記憶，讓我永遠難忘。

2003 年 6 月某天，好友來電：「本種在思源啞口大發生，最好快找時間出發調查。」向公司師傅交代應辦事項，並將裝備上車後，便立刻往宜蘭前進。到達思源啞口，選定一處視野廣闊、燈光不被樹木阻擋的空地，依序將燈架、白布、水銀燈、延長線、發電機設定好，此時天色還亮著，便在附近走走，觀察環境——樹幹上長滿各種地衣苔蘚，樹梢垂下的苔蘚如同綠色窗簾隨風搖盪。其實，當時我心中獨愛著鍬形蟲，想要了解牠們棲息的環境，就需要隨時注意周邊植物、地形的樣貌，這樣可以增加找尋昆蟲的資訊。

天色轉暗後，氣溫也隨之下降，我靜靜地蹲在燈旁等鍬形蟲飛來。七點半，1 隻體型不大的雄蟲準時降落，其後一隻接著一隻黏在布上，當下的心情也跟著高亢，大概是太過沉浸於喜悅中，待發現腳上滿滿的點狀物時已經來不及了，當天兩隻腳被「高山蛺蠓」叮了上百個包，發作起來奇癢無比，抓到傷口化膿，一周後才逐漸痊癒。當時還被老婆調侃：為了本種犧牲真大！

在太平山、李棟山都曾觀察過本種。比較特別的經驗是 2007 年 7 月與好友家人爬李棟山，小朋友們活力十足邊跑邊跳，我們則是輕鬆漫步，路程上也特別注意各種昆蟲動態。好不容易走到山頂，朋友的孩子向我展示手上的鍬形蟲說：「這是剛剛抓到的喔！」仔細一看，竟然是黑栗色深山。當下才知道，牠是在林道爬行時被孩子發現，而且不只一隻。下山時刻意放慢腳步，除了順利觀察到 2 隻在林道爬行的雄蟲外，還目擊 1 隻飛行中的深山屬雄蟲，但無法確定是否為本種。雖然曾聽蟲友提過，本種日間於棲地步行的經驗，但這還是我第一次的發現。

除了上述三個產地外，熟識的蟲友在塔曼山、鴛鴦湖、北插天山、南插天山等地都有本種的觀察經驗。由地圖資料可發現區域集中於桃園、宜蘭、新竹縣市，與原名亞種栗色深山鍬形蟲的產地如台中、南投、嘉義，分布看似跨了數個縣市，但實際攤開地圖比對山勢，各產地其實呈現連續分布的狀態，所以部分學者認為，無須分成兩個亞種。

腹部密布白色短毛（太平山）。

翅鞘被咬個洞的大型雄蟲（北部山區）。

半黑半紅的特殊個體（太平山）。

超大型雄蟲耳突非常明顯（塔曼）。

體色較黑的雄蟲（思源）。

雌蟲（塔曼）。

雌蟲腹部密布白色短毛，與高砂雌蟲金色細毛不同（塔曼）。

雌蟲頭部與眼緣起特寫（太平山）。

‧鍬‧鍬‧話‧

野外觀察鍬形蟲最重要的是注意產季與森林樣貌，我經常在各山區林道中漫步，除了觀察周遭林相與植物外，還能巧遇許多在林道上爬行的鍬形蟲，所以邊走邊觀察，也常能有意外收穫喔。

（大屯山）

大屯姬深山鍬形蟲 大屯姬

Lucanus datunensis

體　　長：	♂ 23-27 mm　♀ 25-38 mm
棲息環境：	低海拔山區
習　　性：	日間飛行、地面爬行

台灣特有種

如果要選出台灣最特別的鍬形蟲，我認為本種應該當之無愧，因為牠僅僅棲息在台北市的陽明山國家公園境內。

第一次的觀察經驗，是與扶輪社青年服務團夥伴至陽明山踏青，我們將車停放在二子坪遊客中心後開始步行，沿途穿越如同綠色隧道的森林步道，享受樹蔭帶來的涼爽。行至半途，團員建議來到這裡一定要登高望遠。往前方上切至助航站的觀景台，雖然沿途回望台北景色頗為愜意，但幾乎沒有遮蔭，而且一路陡上讓我的雙腳肌肉開始抽動，在汗水與意志的考驗下終於抵達制高點。手靠著景觀台享受涼風與廣闊視野，這時突然聽到有人大喊：「阿傑，你也來這裡呀！」回頭一看，原來是蟲友，交談後才知道現在是本種發生的季節，幾位蟲友來此觀察牠的行為。

大屯姬發生期為5到7月，大發生時常能遇見到處飛行的雄蟲。觀察雄蟲活動的時間，大約是早上七點到傍晚六點，喜歡於晴朗的日間在芒草叢、箭竹林飛行，有時也會在地面爬行。

我曾多次觀察雄蟲的行為：牠們喜歡停佇芒草高處，擺動觸角並移動身體，看起來好像在找尋什麼；而準備起飛前會不斷原地踏步，並將翅鞘微開後飛起。牠體型雖小，但能藉由氣流飛往高處，飛行方式看似雜亂無章，卻常在空中表演轉體動作，或是下降停在芒草、箭竹上，然後快速往基部鑽去，推測這樣的行為是為了找尋雌蟲。

由於曾多次執行本種調查計畫，發生季節的雄蟲數量不少，卻完全沒發現雌蟲，期間至景觀台周邊使用腐果誘集，只有一筆雄蟲在腐果上停留的紀錄，推測有可能是巧合。也曾採用夜間燈光誘集方式，但皆未採得本種，可能執行次數過少，無法證明本種是否趨光。

最特別的找尋方式是在夜晚鑽入芒草中探尋牠們活動的狀態，芒草叢中有許多野生動物留下的獸徑，依大小來看應是山豬造成的，底層中的腐植都是芒草乾枯後形成，摸起來質感非常細緻，表層以下5公分鬆散、乾燥，但再往下，則非常濕潤而且顏色較深，聞起來有種不同於泥土的芬芳氣味。雖然數次都沒找到主要目標，但發現雄蟲會停在芒草莖、石頭旁，而且燈光照射也不為所動，相當特別。

夜晚停在地上的雄蟲。

尚未收翅的雄蟲。

雄蟲頭部與大顎特寫。

剛停在花朵上的雄蟲。

交配中的成蟲。汪澤宏攝。

本種主要棲息於大屯山，但這幾年登山時發現七星山也有族群，由於產地皆於「陽明山國家公園」境內，所以請用眼睛觀察、用鏡頭紀錄生態樣貌，絕對不要干擾、採集，以免觸法。

產地季末的雄蟲殘骸。

123

（尖石）

台灣大鍬形蟲 台大

Dorcus grandis formosanus

體　　長：♂ 24-85 mm　♀ 32-49 mm
棲息環境：中低海拔山區
習　　性：夜晚具趨光性、趨樹液

保育類昆蟲・台灣特有亞種

本種是許多自然觀察者心中的夢幻鍬形蟲，因為其習性非常隱密，所以也可以說是個性非常小心的種類。

1999 年 8 月與蟲友至福山找尋鍬形蟲，當晚除了幾隻鹿角雌蟲外，並沒有太多令人驚豔的發現。走回停車處時看前方堆放垃圾區有盞路燈，便與蟲友一同前去尋寶，燈下找了半天沒有任何發現，只有 1 隻疑似扁鍬的雌蟲停在陰暗處，蟲友靠過去仔細看後，說翅鞘不太一樣，我剛好隨身帶著圖鑑，拿出來比對翅鞘與各項特徵後，確定是保育類的台灣大鍬雌蟲。

隔周帶著老婆與蟲友再次拜訪福山，夜晚的路上除了少數鳴蟲外，只有探訪生態時的好友「喬治」（蟾蜍的台語諧音）在燈下捕食昆蟲，行經溪流旁的道路時，走在後面的老婆說：「這裡好像有一隻扁鍬，你要不要看一下？」本想扁鍬是極其尋常的物種，但一趟來了還是看看好了，走到老婆說的地方，光源一照，發現頭部與扁鍬完全不一樣，強壯彎曲的大顎內側有一個厚實的內齒，這不是台灣大鍬雄蟲的特色嗎！當下忘情喊出「台灣大鍬」，蟲友一聽也馬上跑過來，而且讚嘆不已。如果沒記錯，那隻體型應有 6 公分長，體型不大，卻是當年最令人開心的發現。

由宜蘭往梨山方向一定會經過英士村，村口有座英士橋，當年橋上有座警衛亭，時常有警察執行臨檢勤務，而亭上總有一盞日光燈固定亮著，每次經過總會停下看看有什麼昆蟲。有回經過燈下沒看到目標蟲，反正不趕時間就到處走走，橋上裂縫裡的反光引起我的注意，靠過去發現是鍬形蟲躲在縫中，大顎露在外面而反射光線，但仔細看後發現：這不是台大的大顎嗎！

本以為台大棲息的山區不會超過海拔 1,500 公尺，一次由梨山經力行產業道路往霧社，半途在翠巒的路燈找尋昆蟲，與蟲友在燈下及樹上發現幾隻高砂深山，本想上車繼續前進，但看到道路柏油龜裂處似乎有動靜，以光源探照尋找後，發現熟悉的大顎又出現了，台大雄蟲竟然躲在裂縫中。此種除了趨光行為與其他鍬形蟲不同外，也藏身在森林的大樹上，目前個人僅觀察過一次，是在長尾尖葉櫧的樹縫中，露出的仍舊是那彎曲強壯的大顎。

＊保育類昆蟲請勿捕捉與騷擾

林道巧遇漫步的中型雄蟲（北橫）。

夜晚趨光的小型雄蟲（北橫）。

大型雄蟲頭部特寫（金針山）。

夜間趨光的中型雄蟲（力行產業道路）。

歷盡滄桑的大型雄蟲更顯生命力（尖石）。

找尋鍬形蟲時最重要的是觀察力。很多種類趨光時會停在燈下，但是有些種類會選擇特別的隱密處躲藏，比如樹幹後方、石頭旁、草叢中與建築物夾縫中，只要用心搜尋，就有機會發現牠們。

雌蟲翅鞘的條紋是辨識特徵之一（金針山）。

V 字型的交配姿勢是大鍬的特色（北橫）。

127

CHAPTER

3

夏日豔陽曬

128

（碧綠神木）

黑腳深山鍬形蟲 黑腳

體　　長：♂ **30-45** ㎜　♀ **27-32** ㎜
棲息環境：中海拔山區
習　　性：夜晚具趨光性、日間地面爬行
台灣特有種

Lucanus ogakii

在台灣「泛栗色」的種類中，黑腳因為分布在花蓮與台東山區，單次車程最少 5 小時，所以就我的觀察經驗裡，堪稱找得最辛苦的一種鍬形蟲。

1999 年在碧綠神木，旁邊的林道內是種植高山蔬菜的工寮，裡面的大哥是宜蘭同鄉，我到太魯閣探訪自然時，都會找他聊天。有次他指著地上爬行的鍬形蟲問我：「這個很少嗎？」撿起來仔細看後，興奮地回答：「這是黑腳深山鍬形蟲！」這是我和黑腳的初見面。

嘉義大學昆蟲館建置期間，常與學校助理一起在台灣各地調查採集，碧綠神木路段也是我們選定的樣區。有一晚同樣也是準備燈光誘集昆蟲，但天色還亮著，所以就先坐在旁邊休息，同時欣賞各種蛾類與雙翅目昆蟲飛舞也頗具野趣。突然，一隻大型甲蟲緩慢飛來，反射動作揮手將牠抓下，還沒看清牠是誰，手指傳來一陣劇痛，原來是黑腳雄蟲用大顎夾著「假想敵」的手。當晚誘集來了約 10 隻外，還發現黑腳會停在特定的植物樹幹上。

2007 年與好友一行四人晚上十一點由台北出發往台東調查，一路行經宜蘭、南澳、花蓮，每站都會找尋特定林道深入探訪。到達台東已經是隔天下午四點了，隨後轉入南橫公路切進霧鹿林道。這是一條充滿原始風情的美麗林道，沿途都是型態特異的大樹，由樹幹上豐富的著生植物與沿途各種動物的鳴叫來看，今晚的主角應該會現身。我們分設兩組燈光裝備，光源由淡淡的雲霧中透出，彷彿任何角度都會跑出動物。當晚兩組燈吸引了 11 隻黑腳，十點下山北返，一路走走停停地探訪昆蟲，到達宜蘭已經凌晨四點多了，雖然生理已經疲憊不堪，但 29 小時的爆肝行程全都因為找到了南黑腳而感到滿足。

很久以前聽老蟲友說，產於南部出雲山的黑腳，因為腿節為黃色，與一般腿節為黑色的種類不同，所以被學者發表為「出雲山亞種」。後來天災造成路基流失無法進入，出雲山亞種變成謎團，直到好友至向陽地區調查，南黑腳才再度現身。而我的觀察經驗，產於東部碧綠神木路段的黑腳，仍有少數個體的腿節為黃色；產於南橫霧鹿與向陽路段的個體，同樣黑色腿節多於黃色腿節，這也是為什麼 2007 年要長征南橫東段的主要原因。

體色偏黑的小型個體（碧綠神木）。

雄蟲也有腿節黃斑的個體（碧綠神木）。

體色偏紅的中型雄蟲（南橫東段）。

雌蟲與黑栗色非常相似（碧綠神木）。

雌蟲腹部布滿白色短毛（南橫）。

・鍬・鍬・話・

探訪生態最重要的是安全，許多山區林道常因天災毀損，若無法確實掌握路況，最好先查詢網路資訊或電洽當地林務單位、警局，避免白跑一趟，甚至發生無法預料的情況。

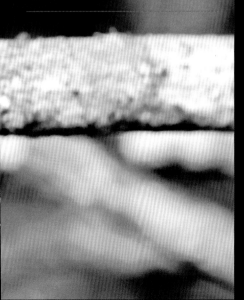

雄蟲在交配時以大顎固定雌蟲（南橫東段）。

慘遭路殺的雄蟲（碧綠神木）。

條背大鍬形蟲 條背

Dorcus reichei clypeatus

體　　長：♂ 18-42 mm　♀ 17-30 mm
棲息環境：中海拔山區
習　　性：趨樹液、日間地面爬行、趨腐果

在台灣的大鍬屬中，本種是居住在較高海拔的山林隱士。剛開始找尋時完全沒有頭緒，因為在馬來西亞同屬的種類，棲息在海拔約 1,000 公尺的山區，夜晚除了可在路燈下找尋趨光個體外，還能在特定的植物樹皮縫中找到大量成蟲，最厲害的是，大型雄蟲的大顎前端為「四齒型」，是台灣圖鑑資料中沒有的。

初期探訪時，以海拔 1,500 公尺的山區為主，當時因為不懂植物，也不知道台灣的本種喜歡哪種樹，只懂得使用燈光誘集，經過幾年皆無所獲。直到有一天朋友來電，電話中傳來急促的聲音：「阿傑，我這邊有一隻超大的蟲，你快來看。」

到好友的研究室後，他迫不及待地拿出一個透明盒子，裡面是一隻揮舞著大顎的鍬形蟲，遠看以為是刀鍬，但體長與體態不符。他熱情地說可以拿出來看，放在手掌中才發現，這不是在馬來西亞看過的大型條背嗎？朋友露出神祕的微笑：「你一定以為是國外的，對吧？這隻是台灣產的喔！」沒想到，第一次看台灣的條背，就是傳說中的「四齒型」！

從好友那裡得知，本種喜愛吸食腐果，所以我特別在山區設置腐果陷阱。關於腐果陷阱製作，在我小學時期就已

有經驗，將葡萄、黑糖、白醋、米酒以特定比例調和，煮開後靜置，再放入香蕉浸泡，即成為「特製聖品」。但試了幾次發現，這小時候日文翻譯書上教的方法，吸引的都是金龜子、虎頭蜂、蛺蝶，沒有半隻鍬形蟲，後來使用鳳梨皮與少許米酒，效果反而好得多。雖然產季不再槓龜，但總無緣再次看到傳說的四齒型雄蟲。

觀察鍬形蟲的經驗越多，對牠們棲息的林相與樹種越有把握。到足夠海拔的山區，避免陽光直射的地方，放置誘集用腐果陷阱，通常 2 到 3 天後回去巡視，總會發現本種聚集在果肉上吸食汁液，不過以小型雄蟲居多。

這幾年觀察生態習慣以自然的方式找尋，撰寫本書期間與外景團隊到尖石山區錄製節目，當天鋒面報到，雨勢時大時小，與劇組在林道找尋生物時，導演擔心的說：「這樣會有蟲嗎？」話才說完，路邊護欄就出現一隻條背雄蟲在青苔地毯上散步，在這場雨中巧合的為我們完成拍攝任務。

中型雄蟲（尖石）。

雌蟲翅鞘縱向紋路較淺（梅峰）。

內齒基部已變寬的大型雄蟲（北橫）。

晚上逛大街的中型雄蟲（佳陽）。

不知何因死亡的大型雄蟲（觀霧）。

頭部與大顎的特寫（尖石）。

· 鍬 · 鍬 · 話 ·

放置腐果陷阱請勿使用容器裝置，因為通常是在數天後才去巡視，期間萬一下雨，將會導致陷阱中的生物溺水而死亡。請勿於國家公園或國家森林遊樂園隨意放置陷阱，以免觸法。

四齒型的超大雄蟲（杉林溪）。詹凱翔攝。

135

姬角葫蘆鍬形蟲 姬角

Nigidius acutangulus

體　　長：♂ 10-14 mm　♀ 10-14 mm
棲息環境：中低海拔山區
習　　性：夜間具趨光性

台灣特有種

知道角葫蘆這類的鍬形蟲是在泰國，卻對這種毫不起眼的小蟲一點興趣也沒有，因為那時只偏好大型的種類。一直到與蟲友聊天得知，角葫蘆這類鍬形蟲無法由成蟲外觀分辨雌雄，因而開始注意牠們。

由於本種是台灣四種角葫蘆中體型最小的，所以找尋也並非易事。第一次發現是在北部橫貫公路的上巴陵，當晚調查計畫結束，與夥伴回到下巴陵達觀山莊，路上也沒忘記搜尋燈下的趨光昆蟲。將車停在一盞聳立於擋土牆旁的燈下，因為兩旁各有幾棵樹，趨光飛來的昆蟲大多停在樹枝上，所以每次都有不同的發現。搜尋時，眼尖的夥伴看到壁面的青苔上有隻黑色甲蟲在移動，當下以為是其他小甲蟲，沒有特別注意，直到夥伴將蟲拿到眼前，才發現有「大顎」，我們仔細觀察特徵，由眼緣後方的突起物確認是本種。

2010 到 2011 年這段期間，常參與生態節目《台灣全記錄》外景錄製，與好友共同擔任昆蟲講師的任務。一次前往南投惠蓀林場找尋奇特的昆蟲，第一天拍攝還算順利，在小西氏石櫟上找到不少有趣的昆蟲，還見到幾種非常特殊的角蟬。

隔天運氣就沒這樣好了，清晨開始下雨，雨勢時大時小，讓外景拍攝無法一鏡到底，只好邊拍邊休息。趁著空檔，撐傘在森林中四處晃晃，一棵斜躺在旁的枯木吸引我的注意，因樹皮已稍微脫落，可能有昆蟲藏身其中，索性蹲下翻動樹皮，期望出現有趣的生物，讓拍攝得以繼續進行。掀開時，一隻蜚蠊若蟲由旁竄出，還有手長腳長的盲蛛，最後是幾隻躲在陰暗處的隱翅蟲，似乎沒有較大型的昆蟲符合導演的要求。起身準備往旁邊探尋，看到剛剛剝落的樹皮上有隻鍬形蟲，一眼就認出體型與眼緣後方的突起，姬角再次出現！

聽蟲友說，本種主要活動季節在 5 到 9 月，尤其是海拔約 600 至 1,500 公尺的山區，燈光誘集時都是趨光飛來直接停在白布上。應該沒人敢打包票一定能找到本種，主因當然是體型非常小，牠在野外活動時，很容易與地面的顏色或是環境結合，停在落葉堆中也難以發現。簡單來說，想要找到本種，除了選對地方外，還要有好運氣。

夜晚趨光個體（北橫）。

側面的體型與大顎形狀（福山）。

棲息在朽木中的個體（惠蓀林場）。

眼緣突起

眼緣突起後半部成長棘狀向後延伸，
是本種的辨識特徵（惠蓀林場）。

大顎基部的上齒突特寫（惠蓀林場）。

┈┈┈┈┈┈┈ ·鍬·鍬·話· ┈┈┈┈┈┈┈

在野外常能接觸各種枯倒木，為了找尋鍬形
蟲可能會翻找朽木，或將樹皮扒開，甚至動
用鏟、斧分解，如果無法避免用此類採集觀
察行為，最後別忘了將朽木成堆放置、樹皮
蓋回原處。

（烏石坑）

直顎鏽鍬形蟲 黑鏽鍬

Dorcus carinulatus

體　　長：♂ 14-25 mm ♀ 17-22 mm
棲息環境：中低海拔山區
習　　性：夜間具趨光性

台灣特有種

鏽鍬是常見的鍬形蟲，在觀察初期常可見到如鐵器鏽蝕般的身影停在燈光下。直到 2002 年，一次在瀏覽「昆蟲論壇」網站時發現，網友貼出一種沒看過的鏽鍬形蟲引起討論，這時才知道：原來台灣還有另一種鏽鍬，出現的時間與台灣鏽鍬一樣，但發生期似乎集中 6 至 7 月而且產地偏限。與好友連繫後想盡辦法打聽更詳細的地點，收集的資訊僅知中部南投一帶，並推論棲息的森林樣貌，最後選定幾個低海拔地區探查。

首先是南投和社地區，當地的森林維持得不錯，沿著和社溪的幾條聯絡道路與林道找尋路燈，但幾次成果皆不符預期，只好作罷。第二個是曾經非常知名的蟲點：谷關大道院，找尋沿途的路燈與可能出現的地點，並在較無光害的山區以燈光誘集，但除了常見的鍬形蟲外，本種皆無所獲。

雖然如此，這並未打擊我找尋的企圖心，依照推論轉往台中烏石坑，行政院農委會特生中心在此設立了「低海拔試驗站」，足見這裡擁有豐富的生物資源。搜尋方式一樣鎖定夜晚的路燈，連續幾晚發現趨光昆蟲不少，許多生物皆是首次觀察，但依然未見本種。

2004 年 6 月中，為了採集栗色深山來到南投山區，當晚目標蟲況不差，十點後收燈準備北返，下山時感受到空氣中的濕與悶，直覺應是鍬形蟲喜愛活動的環境條件，所以沿途每遇到路燈皆停下探訪。果然不出所料，當晚路燈下盡是大型的兩點赤、扁鍬與台肥。

還記得是人止關附近的一盞路燈，下車後聞到濃濃的果香味，原來有人在燈下放置鳳梨陷阱，翻開後，1 隻鏽鍬雄蟲在果肉上，仔細看大顎，竟是遍尋不著的本種，這也是個人第一筆觀察紀錄。目前已知產地遍及西部，宜蘭也有穩定紀錄，棲息環境多為低海拔郊山、雜木林。推測花蓮、台東地區應有分布，值得繼續觀察。

2015 年有幸閱讀一份來自於 1963 年《昆蟲學會報》的抽印本，其中一篇是由中興大學楊仲圖教授撰寫的〈台灣產鍬形蟲之研究〉。這才知道本種早已紀錄，當時中文俗名為「黑鏽鍬」，其後被發表為「大和鏽鍬」的台灣新紀錄種，直到 2006 年才正名為「直顎鏽鍬」。

雄蟲的大顎特寫（谷關）。

雌蟲頭部特寫（谷關）。

藏身於腐果中的雄蟲（南投）。

體表的顏色較黑（烏石坑）。

由朽木中掉出的雄蟲（谷關）。

雌蟲外觀與鏽鍬非常相似（谷關）。

鏽鍬形蟲屬 *Gnaphaloryx*

Burmeister, Handb. Ent., V. p. 396, (1847)

體黑色，頭胸部略等寬，眼緣突起不完整，大顎下側有齒。

種　檢　索　表

1. 體被褐色鱗片，翅鞘上具斷續之隆起條紋。複眼後方無側緣突起‥‥‥‥‥鏽鍬形蟲
　體被黑色體毛，翅鞘上具相對應無隆起線紋。複眼後方具側緣突起‥‥‥‥黑鏽鍬形蟲

(23) 黑鏽鍬形蟲

學名：Gnaphaloryx opacus Burmeister

日名：クロサビクハガク

　　　taurus (nec. Fab.) Vollenhoven, Tijdschr. Ent.
　　　V Ⅲ, p. 154, (1865).——Miwa, Ins. Mats. Ⅱ, No. 1,
　　　pp. 29, 31, (1927).——Syst. Col. Formosa, p. 274,
　　　(1931).

　體黑色，被體毛。蟲為大顎粗壯，約與頭部等長，上緣具一強齒斜伸向內側，先端二齒成分叉狀。頭部大顎前些處外方歲形。眼緣突起不完整。側緣複眼後方具強大之側緣突起。額片短寬。頭及前胸同被刻點。前胸兩側近平行，前緣角尖出伸向胸前方，後緣角凹入。翅鞘上具粗大刻點，但缺縱走隆起線紋。

G. opacus Burm.

(24) 鏽鍬形蟲

　學名：Gnaphaloryx velutinus Thomson

Dorcus schenklingi Mol. ♂

早年的直顎鏽鍬文獻資料。

（汐止）

雞冠細身赤鍬形蟲 _{雞冠}

Cyclommatus mniszechi

體　　長：♂ 28-58 mm　♀ 18-23 mm
棲息環境：低海拔山區
習　　性：夜晚具趨光性、趨樹液

聽蟲友說，雞冠在很久以前是非常稀有且昂貴的種類，主因是本種只分布在台北盆地周遭，而且沒人知道產地，因此物以稀為貴。

1980 年代，許多日本昆蟲愛好者喜愛來台採集或購買昆蟲，當時 1 隻雞冠雄蟲開價往往可高達數萬元之譜。時過境遷的今日，雞冠已是許多小三、小四學生喜愛飼養觀察的種類，繁殖也沒有難度，非常容易養出體長超過 5 公分的雄蟲。

我的第一隻是 2000 年的 8 月中旬，那時已是本種的季末。與多位蟲友前往汐止與五堵交界的山區，依稀記得道路在溪流旁，環境濕度非常高，路旁高大的芒草與俗稱「恰查某」的大花咸豐草形成有趣對比，偶有美麗的月桃葉片點綴其中。巡視的路燈已經超過數盞，但皆無所獲，一位心急的蟲友繼續找尋，我則與其他蟲友漫步聊天，行經一盞路燈下，發現不知名蜘蛛大口嚼食無辜的趨光客，順著手電筒的光源往上觀察，一隻黃色的鍬形蟲停在樹葉上，巨大的頭部、泛著金屬綠的光澤，當下興奮地喊出：「找到雞冠了！」走在前面的蟲友跑回來，瞪大眼睛不可置信的說：「我剛剛怎麼沒看到？」這隻體長 51mm，屬大型雄蟲，也是我個人野外觀察的最大紀錄。

雪山隧道尚未通車前，北宜公路是台北往宜蘭的重要道路，無論日間或晚上都是滿滿的車輛。2002 年 6 月，蟲友邀約前往坪林探訪鍬形蟲，我有點疑惑：在這交通要道上會有嗎？抱著碰碰運氣的想法出發，我們將車停在路邊開始步行，當晚的昆蟲相讓我大開眼界，路燈旁的植物上停滿各種蛾類、金龜子、螽斯、石蠅。

忘記走了多久，一個農場的入口種了數棵山櫻花，招牌上的日光燈雖然光源微弱，但一樣吸引許多昆蟲飛舞，我們搜尋山櫻花的樹幹與樹枝，看到 1 隻扁鍬躲在樹幹分叉處，痴痴地望著路燈，蟲友找到另一隻疑似扁鍬的雌蟲，要我先去看一下，由側面發現背部隆起，這是圓翅鋸的特徵呀！蟲友興奮地抱著我說：「我中大獎了！」開心之餘還是持續找尋。在樹枝頂端上看到一個黃色影子，但太高搆不到，往另一側想要看清時，輕微的震動讓牠跌落草叢，撿起發現竟是隻中型雞冠，這讓我又多了一筆觀察紀錄。

趨光的中型雄蟲（坪林）。

小型雄蟲的剪刀牙（坪林）。

大型雄蟲頭部側面可看出明顯稜突（廣興）。

雌蟲前胸背板兩條黑色縱帶是辨識特徵（汐止）。

搖樹時掉下的小型雄蟲，
體表泛著淡淡的金屬綠光澤（坪林）。

·鍬·鍬·話·

雖然鍬形蟲看起來就像鐵甲武士般雄壯，
但其實牠們相當敏感，不管是停在樹枝上，
或吸食樹液，只要有點風吹草動，通常就
會仰起頭進入警戒狀態，再有干擾，就會
六腳一縮，直接掉下。

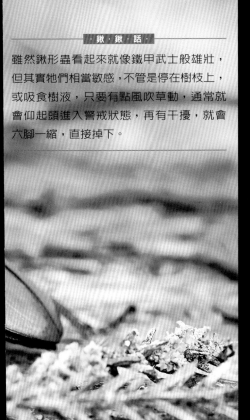

路燈下護雌的小型雄蟲（汐止）。

頭部殘骸的金屬光澤明顯（坪林）。

147

台灣圓翅鍬形蟲 坪林小黑

Neolucanus taiwanus

體　　長：♂ 21-32 mm　♀ 18-24 mm
棲息環境：中低海拔山區
習　　性：日間地面爬行

台灣特有種

我在 2000 至 2001 年擔任扶青團團長期間，曾多次舉辦踏青活動，還記得一次 4 月底與扶輪社一同前往宜蘭草嶺古道春遊，母親也參與那次活動。老實說，路程不短，腳程快的人，漸漸與隊伍拉開距離，我與幾位對生態有興趣的團員押隊，邊走邊找生物，一位團員對我說剛看到一隻黑色的小蟲由路旁鑽進草叢中，我心想：「這時候應該不會有鍬形蟲吧？」隨後另一位團員說，又出現一隻鑽進草叢，這時我已將神經繃緊，準備放慢腳步觀察四周了。

果然，步道前方一個小小的黑影出現，那爬行的姿態是鍬形蟲沒錯，我馬上飛奔將牠撿起——這種鍬形蟲體型小又圓，體色是毫無光澤的啞黑，由大顎的形狀可以判斷是雄蟲，可惜當時還不知牠是什麼種類。因為落後隊伍太多，抵達終點時，大家早就在等我們上車了，老婆看到我說：「送個禮物給你。」隨即將蟲放在我手中，與剛才發現的是同樣種類。隔天前往台北木生昆蟲館，蟲友說這是數量不多的坪林小黑圓翅。後來在坪林、雙溪、宜蘭礁溪也陸續採獲本種，只是雌蟲數量稀少，直至目前為止，我仍未尋獲。

新竹縣尖石後山海拔約 1,600 公尺的山區，有一條可遠眺中央山脈的林道，林相豐富蓊鬱，偶可見鍬形蟲於地面爬行，是個人最愛的自然地點之一。2003 年 7 月初某日，為了躲避午後烈陽，在樹蔭下前進，探找可能發現的昆蟲。滿布碎石的道路上出現一個快速爬行的黑色個體，大概是豔陽照射的地面太過火熱，那隻蟲並沒有停下的意思，只好快步在牠爬進草叢前攔截下來，看了牠一眼，驚覺啞黑的體色與外在型態顯示，這是坪林小黑。但坪林、雙溪、宜蘭礁溪產區海拔不過 400 至 600 公尺，怎麼會在這麼高的山區？而且這隻左右翅鞘上各有一條明顯的稜線。直到 2006 年，在這條林道還有數次的採集經驗。目前在北插天山、東眼山都採獲與本產地相同特徵的個體。

本種於 1973 年由日本學者水沼哲郎取得產於花蓮瑞穗的個體，其後發表為產於台灣的中華圓翅台灣亞種，但 2010 年，日本學者認為本種體長與外形與中華圓翅相差甚大，所以提升為台灣的特有種，並發表於《世界鍬形蟲大圖鑑》。

白天路上逛大街的雄蟲（坪林）。

翅鞘上有明顯的稜線（尖石）。

體色暗黑、體型小是暱稱「小黑」的由來。

雄蟲眼緣突起與大顎特寫（坪林）。

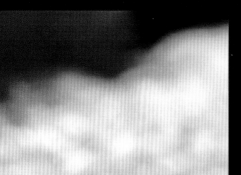

雄蟲側面（坪林）。

‧鍬‧鍬‧話‧

許多蟲友用盡方法想要破解本種幼生之謎，採集雌蟲後，使用各種不同的產卵介質、環境布置、溫度、濕度，皆不得其門而入。由此可知，本種還有太多的生態謎題需要觀察紀錄。

雌蟲。汪澤宏攝。

（觀霧）

細角大鍬形蟲 細角

Dorcus gracilicornis

體　　長：♂ 21-48 mm ♀ 22-31 mm
棲息環境：中高海拔山區
習　　性：夜晚具趨光性、日間地面爬行、趨腐果

探 訪鍬形蟲的過程中，我曾迷戀本種長達數年，主因是牠的型態很像 1999 年風靡中日鍬形蟲界，價格媲美黃金的「安達祐實大鍬」（*Dorcus antaeus*），為了一睹其真面目，我還特別多次前往產地之一的泰國。後來在圖鑑上發現本種的大型雄蟲與安達祐實大鍬非常相似，除了體型較小外，強壯大顎與寬厚的體態皆同。所以開始認真翻找資料，知道本種棲息於較高的山區，發生期為 5 到 10 月，之後便開始擬定長達整個蟲季的找尋計畫。

以牠們棲息的環境作為找尋方向，初步設定三個點，由北向南分別是新竹尖石、觀霧、苗栗南庄等山區，海拔皆超過 1,700 公尺，且 2 天就能跑完全程。隔年蟲季開始時，第一天到達尖石大約中午，林道上觀察植物與昆蟲，晚上挑選林相好的地點，燈光誘集並探訪山區路燈。第二天一早前往觀霧或南庄山區林道探尋，晚上一樣用燈光誘集，每年 5 到 9 月各執行四次調查，雖然連續 2 年發現了許多新事物，但仍獨缺本種大型雄蟲的觀察。

沒找到心目中的大蟲，但累積的資訊顯示，6 月中至 8 月底是本種大發生的時間，除了從趨光的習性著手外，林道與登山步道常能發現漫步於護欄或路面的個體，所以到高海拔山區踏青，也許能與牠不期而遇喔。

經過幾年瘋狂的搜尋，早已將找尋本種大型雄蟲的目標擱置一旁，對於設定的探訪也不再熱衷，在野外反而習慣了各種無預期的相遇。2015 年春初，趁著好天氣與家人到杉林溪露營，當天下午抵達後，先將帳篷搭好，然後帶著孩子在岩壁與草地尋找可以入菜的植物，順便自然觀察。

回到營地時，發現多了組帳篷，對方是一對年輕夫妻，與他們微笑點頭後繼續與孩子張羅晚餐，我們準備了乾燥蔬菜、各式配料，還有剛採到的車前草與冷凍白飯，打算煮鍋什錦粥，而隔壁帳的夫妻也過來聊天，並一起分享彼此的餐點，或許是天氣太冷了，夜晚的燈下沒什麼蟲在飛。隔天早上起床時，這對夫妻已在煮粥，先生看到我走出帳篷，馬上向我走來：「這是你要找的蟲嗎？」他手上放著一隻鍬形蟲，粗壯大顎與厚實身體，如同縮小版的安達祐實大鍬，沒想到「踏破鐵鞋無覓處，得來全不費工夫」，心中的願望終於在那天實現。

153

夜間趨光的小型雄蟲（大雪山）。

停在路燈下的雌蟲（太平山）。

雌蟲體型較為細長，可與條背雌蟲區別（翠峰）。

小型雄蟲頭部特寫（尖石）。

接近鞘翅接合處的溝紋間距較寬（太平山）。

大型雄蟲（杉林溪）。

本種棲息在林相完整的森林中（北橫）。

· 鍬 · 鍬 · 話 ·

本種在高海拔山區數量不算少，但想要見牠一面似乎也沒那麼簡單。有個小方法，牠們對於濃烈果香有無法抗拒的魔力，如果希望在野外觀察，循著味道應該是個不錯的方法。

（士林）

鬼豔鍬形蟲 鬼豔

Odontolabis siva parryi

體　　長：♂ 45-93 mm　♀ 40-60 mm
棲息環境：中低海拔山區
習　　性：夜間具趨光性、趨樹液

本種雄蟲（長齒型）體長可達 9 公分以上，是台灣最大的鍬形蟲。最特別的是雄蟲有長、中、短三種齒型，其中，中齒型的細微變化與差距，更成了許多蟲友的收集目標。

1984 年，我住在台北市六張犁，這裡靠近福德公墓，暑假時常與小玩伴一起上山找尋生物，還記得燒金亭旁有棵大蓮霧樹，結果時期常是我們打牙祭的好去處，熟透掉落地上的果實也吸引自然的食客，鍬形蟲、金龜子、虎頭蜂、枯葉蝶都是座上嘉賓。

如果沒記錯，暑假結束前的最後一周，我與玩伴拿著網子準備到溪溝抓「紅腳仙」（拉氏清溪蟹），其中一位提議先去燒金亭找鍬形蟲，一行人浩浩蕩蕩抵達後發現，地面沒什麼腐果，抬頭看才知道蓮霧果期已過，只有一串三根熟透的香蕉躺在樹旁，伸手提起綁香蕉的紅繩才發現，這根本是狼牙棒！10 多隻鍬形蟲將頭插入熟透的果肉中吸食汁液，其中最大的就是鬼豔鍬形蟲，而我們玩伴間戲稱的「狼牙棒香蕉」採集法也從沒失手過。

2002 至 2007 年間，我在中正高中巷口開設汽車美容，期間常偷得浮生半日閒，一有空檔就往山上跑，但是偏遠山區來回路程通常要數小時，所以常騎著機車在附近山區閒晃。外雙溪、北投山區有不少柑橘園，與園主聊天時，免不了都會聊到天牛、鍬形蟲。園主認為牠們是果園的大害蟲，所以得知我們去採集這些昆蟲，讓他非常開心。

其實，真正破壞果樹的是天牛，牠的幼蟲啃食木質，成蟲後鑽出樹幹造成孔洞，流出汁液再吸引其他天牛與鍬形蟲啃食，造成更大的傷口。由於鍬形蟲的大顎就像剪刀般，所以才會被誤解。各種昆蟲經年累月在樹幹上造成許多孔洞，成為鍬形蟲躲藏的熱點，觀察時饒富野趣，但是樹幹結構遭受破壞，以至於颱風來時造成極大的損失。所以園主噴灑農藥來防治蟲害，有段時間上山僅能看著樹下乾冷的蟲體發呆。

近 10 年不斷提倡友善農法，讓自然環境開始緩慢恢復，當年找尋本種的柑橘園在第二代接手後，不再使用相關農藥，並且收集枯枝落葉與廚餘堆製成有機肥。2015 年交稿前夕，上山探訪柑橘樹上的鬼豔，也順利留下影像。

中齒型的大顎形狀多變（大雪山）。

長齒型雄蟲是大小朋友的最愛（坪林）。

眼緣突起不尖銳

雌蟲眼緣突起頂角不尖銳，
可與大圓翅雌蟲區分（內灣）。

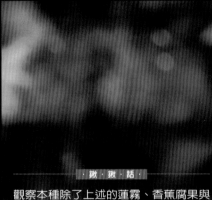

·鍬·鍬·話·

觀察本種除了上述的蓮霧、香蕉腐果與
柑橘樹外，牠們也會在構樹果期時，爬
到樹上吸食果實汁液。另外，青剛櫟、
火燒栲等殼斗科植物流出的汁液，對本
種也有絕對的吸引力。

中齒型雄蟲與雌蟲共同取食構樹果實（樹林）。

取食構樹的長齒型雄蟲（五峰）。

趨光的原齒型雄蟲（烏來）。

眼緣後方尖突

中齒型雄蟲頭部特寫，眼緣後方尖突為本種特徵（北橫）。

159

派瑞叉角鍬形蟲（*Hexarthrius parryi deyrollei*）非常神經質。

泰北
維安帕寶尋蟲趣

Wiang pa pao

地理位置：中國南方和印度東方間的中南半島之中心地帶，台灣飛泰國約 4 小時。

首都：曼谷　語言：英文、泰文

幣值：泰銖（THB）：新台幣（TWD）＝ 1：1

生態旅遊安全值：友善

自2001 年造訪泰國清邁後，對於探訪自然的旅程即充滿興趣。還記得許多日本甲蟲書籍常提到泰國北部的昆蟲聖地：維安帕寶（Wiang pa pao），因緣際會下，認識了當地昆蟲採集家，松本（Somboon），展開一連串雨林探訪的行程。

該地鍬形蟲最多的季節與台灣相近，每年的 4 到 10 月都很適合前往觀察，但是這裡距離清邁市區車程約 4 小時，而且路況不佳，一定要四輪驅動的越野車才能到達，所以建議事先完善規劃並有熟人帶路。

印象最深刻的是 2003 年第一次上山，經過漫長的車程，終於抵達海拔約 1,000 公尺的村莊，好友為我們簡單導覽環境後，隨即準備晚上燈光誘集的裝備。我漫步在舒服的黃土路上，村民看到外人多是報以淺淺的微笑，我也帶著笑意點頭回應，偶有牛隻、雞群穿越道路，帶來不少樂趣，這時，我注意到村莊的周圍是茶園，茶園中聳立幾棵高大樹木，與台灣茶園的井然有序大不同，後來得知是為了水土保持而留下，這點相當值得借鏡。

當晚亮燈後，我們坐在屋前聊天，一開始是蛾類與金龜子，大約八點後，各種鍬形蟲開始飛來，其中最令我驚豔的是「黃金鹿角鍬形蟲」極大雄性個體降落在面前，當時日本網站一隻 60mm 以上的雄蟲標售約台幣一萬元，好友笑得樂不可支，還拿出自釀白酒請所有人喝，當時我提了個建議：「有小菜可以配嗎？」看著朋友點頭如搗蒜走到燈旁，將趨光來的昆蟲如金龜子、蟬、螽斯等放入網中，回到屋裡將這些昆蟲的翅膀剪除放入平底鍋，以小火慢慢地「乾炒」，最後撒點鹽巴上桌，面對看呆的我，自顧自地抓起一把塞入口中大嚼，露出滿意的表情，其他人紛紛照做，最後我則入境隨俗，首次體驗意外的昆蟲料理。

泰國傳統市場常可見到販售昆蟲食材的攤販，料理方式多為油炸或水煮，其實我早已見怪不怪，但這次觀察，還是第一次體驗最貼近生活的食蟲文化，也幫我埋下收集食蟲相關資料與素材的種子。當晚收穫不錯，除了「黃金鹿角」外，還有印度扁鍬與鋸鍬、細身赤等小型鍬形蟲，為這次旅程劃上完美句點。其後每年都固定造訪該地，體驗各種豐富多樣的生物，讓視野變得更廣闊。

黃金鹿角鍬形蟲（*Rhaetulus crenatus speciosus*）是非常美麗的種類，產季為 6 到 8 月。

泰國鍬形金龜有黃、綠色型，產季為 4 月底。
（*Fruhstorferia dohertyi*）。

體型強壯的蒙格爾兜蟲（*Trichogomphus mongol*），
產季為 9 月。

長頸鹿鋸鍬形蟲（*Prosopocoilus giraffe giraffa*）
是保育類，產季為 7 到 8 月底。

印度扁鍬形蟲（*Dorcus titanus westermanni*）
體型可以超過 80mm。

稀有的翹牙小圓翅鍬形蟲（*Neolucanus brebis*），
產季為 9 月。

紅背刀鍬形蟲（*Dorcus arrowi*）產季為 6 到 8 月。

163

鍬形蟲日記簿

秋天散步行

這季節，除了可以看藍得不可思議的天空外，還能吹著舒服的風發呆。但是，如果您想要多點樂趣，那就跟我一起找尋鍬形蟲吧！這種舒適的氣候剛好可以觀察到許多種類，適合一個人走馬看花，或是帶著家人郊遊踏青。偷偷告訴您喔：「這些美麗的蟲兒，會突然出現在腳邊、馬路上、乾溝裡。」您會充滿歡喜的發現，林道永遠不嫌長，只擔心時間不夠。

大圓翅鍬形蟲 大圓翅、龍牙

Neolucanus
maximus vendli

體　　長：♂ 40-68 mm　♀ 40-50 mm
棲息環境：中低海拔山區
習　　性：夜間具趨光性、趨樹液

本種是台灣圓翅屬中體型最大的種類，大型雄性個體的大顎可見明顯上齒突，側面看起來如同野獸的獠牙，所以蟲友稱之為「龍牙」。

2001年夏末，於木生昆蟲館與眾多蟲友聊蟲經，提到本種時，驚覺自己尚無任何觀察紀錄，蟲友得知後邀約一同前往探訪，約定隔天晚上七點在某處集合。上車後向蟲友提問：「為什麼大圓翅要這麼晚？一般不是最晚六點半就要亮燈嗎？現在到北橫都超過十點了！」這時蟲友才慢條斯理的說：「大圓翅很特別，牠們是夜貓子（晚趨光），十一點後才開始飛。」心裡想著：「大部分鍬形蟲夜晚趨光有兩個時段，分別是七點半至八點半、九點半至十點半，這蟲為什麼等大家飛完了才出來？」

抵達目的地後，快速架起點燈設備，與蟲友分別坐在白布兩側，十一點準時降落的是1隻中型雄蟲，乍看是墨黑的體色，但移到燈光下，富質感的深棕色隨即顯露。當天約凌晨一點收燈，來了六雄一雌，只有1隻傳說的大龍牙！

2007年8月中與好友約在杉林溪點燈誘集，出發時便講好挑選不同的林相位置，期望觀察到不同的昆蟲相，蟲友選擇馬路旁的開闊地形，光源可以擴散四周。我則選擇一個平台，將燈面向森林，兩盞燈的海拔落差約150公尺。亮燈後，各種趨光昆蟲開始出現，大約十點。同為夜貓一族的平頭已翩然來到，只是降落姿勢不佳，跌個六腳朝天。其後豔細身、台肥陸續出現，但直到十二點，都還沒有本種的影子，與蟲友電聯後決定收燈，這時，突然出現掉落聲響，當晚唯一的大圓翅現身，體長達65mm，也是個人觀察紀錄中體長最大的雄蟲。

2008年7月底在北部橫貫公路東段調查昆蟲相，沿途以扣網方式採集研究用的昆蟲，由於使用的竿子長達9公尺，一天下來手臂已感痠痛。本想提早返回巴陵整理採集物，但看到前方一棵大樹，由樹葉研判應是殼斗科植物，依然習慣性舉起竿子，將網套在樹葉上開始抖動，抖了幾下後發現好像有蟲，收竿確認網中物，竟然是本種，連續操作數次後，在這棵樹上共採集二雄一雌，這也是個人首次在特定植物（後來將該植物葉子交由朋友鑑定為大葉石櫟）上觀察到本種。

眼緣突起尖銳

雌蟲眼緣突起頂角尖銳（大雪山）。

超小型雄蟲常被誤認為雌蟲，其實可由大顎形狀可分辨（尖石）。

大型雄蟲頭部特寫（杉林溪）。

大型雄蟲誇張的上齒突，是暱稱「龍牙」的由來（北橫東段）。

趨光的小型雄蟲（北橫東段）。

趨光的雌蟲（尖石）。

中型雄蟲大顎已有上齒突（杉林溪）。

．鍬．鍬．話．

繁殖本種須找到俗稱「大圓土」或「樹心土」的產卵介質，這種紅色的木屑只能在海拔1,200公尺以上的山區、特定樹種的枯倒木中取得，而且飼養繁殖的環境至少溫控在24度以下才能順利進行。

（梅峰）

台灣鬼鍬形蟲 紅鬼

Prismognathus formosanus

體　　長：♂ 17-28 mm ♀ 16-23 mm
棲息環境：中高海拔山區
習　　性：日間於地面爬行

台灣特有種

海拔 2,000 公尺左右的中高海拔山區，通常上午豔陽高照，午後變得雲霧繚繞，冬季寒流來襲時，地面還會結冰，而本種就棲息在如此嚴峻的環境中，不像其他鍬形蟲具有明顯的趨光性，也不像某些種類會在樹上吸食樹液，只要找對植物就能發現。沒想到首次觀察本種，竟然是在朽木堆中找到 1 隻只剩半截的雄蟲。

2005 年 7 月中與夥伴一同到南投山區調查生態，梅峰沿線森林景緻豐富，所以特別排定為行程之一。到了當地先向派出所報備，依照計畫需求，開始挑選地點架設夜晚誘集燈具，並沿路步行，執行樹冠層物種採集。當天蟲況不錯，午餐休息時，聊到台灣鬼鍬的種類，這裡剛好是本種棲地，夥伴建議可以沿著路旁山徑調查，順便看能不能遇到白天逛大街的成蟲。

依照記憶，這裡沿路應有不少枯倒木，走入森林後怵目心驚的畫面一再出現，視線所及的倒木、立枯木皆被分解，木屑殘塊四散，心想這應是職業採集人所為。翻著殘破的樹皮木片，有的木塊還能發現不明幼蟲的食痕，夥伴邊翻邊念：「有的枯木還不到鍬可以利用的程度，就這樣劈掉，實在太浪費了！」並採了 2 隻不知名的隱翅蟲放

到罐子中，我們一邊翻找碎木堆中的昆蟲，同時也將木塊集中，盡可能讓生物再利用。一路整理數堆劈爛的枯木，也採集數種棲息其中的昆蟲，繼續翻找時看到一顆發亮的物體由木屑堆中掉落，撿起來一看，竟然是紅鬼的半截身體，看來已死亡一段時間，空盪盪的複眼似乎透露出一點哀怨。

隔年回到相同地點調查，習慣性的走入這條山徑中，發現去年整理的枯木堆仍維持原來的狀態，陽傘般的蕈類由縫隙中蜿蜒展起，似乎多了點生機。這次想要更深入，跟著不明顯的路徑下切，沿途的枯倒木上布滿青苔，展現森林應有的活力。雖然愜意，但也沒忘了觀察，特意尋找枯木表面遭受動物啃咬的痕跡，這是重要線索！動物們很聰明，沒蟲的木頭根本無法引起牠們注意。找一根看起來已經分解的倒木，順著外皮一剝，竟然有隻紅通通的蟲掉到枯葉堆中，看牠掙扎著爬出來，我的嘴角也不自覺地笑起來，「紅鬼」出現了！

紅棕色的雄蟲（阿里山）。

本種棲息的森林山景（阿里山）。

雌蟲體表布滿細微刻點（梅峰）。

·鍬·鍬·話·

很多朋友問：「飼養鍬形蟲要餵什麼比較好？」有人回答新鮮水果，但水果容易生果蠅，而且腐敗時還伴隨著酸臭味。不妨使用市售昆蟲果凍，較為乾淨好整理，也不容易長蟲子。

雄蟲護雌的行為（梅峰）。

大型雄蟲的大顎前端上齒突非常明顯（梅峰）。

體色較黑的雄蟲（信義鄉）。

173

（烏來）

細身赤鍬形蟲 細身赤

Cyclommatus scutellaris

體　　長：♂ 17-47 mm　♀ 15-23 mm
棲息環境：中低海拔山區
習　　性：夜間具趨光性、趨樹液
台灣特有種

（尖石）

豔細身赤鍬形蟲 豔細身

Cyclommatus asahinai

體　　長：♂ **20-48 ㎜**　♀ **16-26 ㎜**
棲息環境：中低海拔山區
習　　性：夜間具趨光性、趨樹液
台灣特有種

為什麼將這兩種鍬形蟲寫在一起呢？實在是因為牠們的外形太像了！而且加上產季、棲地重疊，所以利用這篇將兩種放在一起介紹。

1998年7月底颱風過後，我與好友前往福山探路，當時沿途崩塌與落石尚未清理乾淨，我們必須非常小心才能避開路面坑洞，費了好大心力到達，最欣慰的是，路燈一如以往綻放光明，而且趨光的昆蟲不少！當晚在路燈下的芒草、櫻花樹，可觀察到的鍬形蟲已超過五種，甚至路邊護欄上也有不少鍬形蟲漫步，其中以細身赤數量最多。那時對這些有色的鍬形蟲充滿興趣，原以為鍬形蟲應該都是黑色、深棕色，沒想到還有這種鮮豔色系，淡黃體色配上紅棕色頭部與大顎，完全吸引我的目光，所以觀察時都會將牠們當成首要目標。

本種依體型與大顎形狀區分，最可愛的是小型雄蟲的剪刀牙，看上去似乎戰鬥力不足，但遇到干擾時，可是張牙舞爪、非常兇悍呢！與好友整理當晚採集的種類時，發現細身赤的雌蟲似乎有兩種，好友說翅鞘上黑色條紋較長的，應該是另一種豔細身赤的雌蟲，當下將兩種雌蟲比對，果然，翅鞘上的條紋差異很大，但頭痛的問題來了，因為當時僅記得兩種雄蟲的辨識方法為翅鞘有無光澤，可僅僅藉著路燈的光線也無法確切地分出誰是誰，只好將可能是兩種的雄蟲各帶一隻回去比對。

到家後迫不及待地拿出圖鑑資料，上面寫著：「細身赤的雄蟲前足脛節內側前段具有黃色短毛，豔細身赤則僅有一小叢。」再看自福山帶回的雄蟲，前足發現毛叢為長列，所以兩隻皆是細身赤，雖然無法一次確認兩種的差異，但也習得辨識方法。

後來幾年逐漸愛上中高海拔山區，大概是喜歡炎熱夏季中那種冷涼的空氣吧。第一次在知名蟲點「杉林溪」燈光誘集是2005年8月的某個夜晚，提早到了預定地點，選定位置後架起燈具，插上電源看著越發透亮的水銀燈，心想約好的朋友應該快到了吧，晚餐還要靠他們張羅呀！也許是風太大了，看著空盪盪的白布與快要失控的五臟廟，只能癱軟坐在地上。

忽然間，我注意到白布上多了一個黑色影子，起身過去觀察，發現是隻翅鞘充滿光澤的豔細身赤，複眼後的「皺紋」特別顯眼，是體型超過45mm以上的大型雄蟲，總算稍稍慰藉等待的心情。好友到達後馬上升火煮麵，白布上的蟲況也越

細身赤雌蟲翅鞘前緣兩側各有一黑斑（五峰）。

發火熱，鍬形蟲數量不算少，應該是碰上大發生期吧，因為全部都是豔細身。

跑了這麼久，對於此兩種出現的海拔也較為清楚。幾個常去的地點如福山、北橫、霧社、清境、惠蓀林場都同時採集過兩種，一旦海拔超過 1,500 公尺，遇到細身赤的機會就少了，海拔超過 1,800 公尺後，更是豔細身赤的天下，這點可作為選擇觀察地點的參考。

豔細身赤雌蟲翅鞘各有一條黑縱帶（塔曼）。

細身赤鍬形蟲 細身赤

大型雄蟲複眼後方的皺紋像老公公一樣（尖石）。

小型雄蟲的剪刀牙（霧社）。

·鍬·鍬·話·

本種在野外非常活躍，通常是亮燈後第一隻貼上白布的好朋友，但牠可不會乖乖地停在同一個位置，常可見牠們展起前翅連續起飛降落，總要等個大半小時才會穩定停下。

豔細身赤鍬形蟲 豔細身

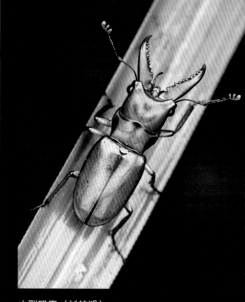

趨光的中型雄蟲（力行產業道路）。　　小型雄蟲（杉林溪）。

大型雄蟲頭部特寫（上巴陵）。

（尖石）

雙鉤鍬形蟲 雙鉤

Miwanus formosanus

體　　長：♂ **19-39 mm** ♀ **15-22 mm**
棲息環境：**中低海拔山區**
習　　性：**夜晚具趨光性、趨樹液**
台灣特有種

2001 年 8 月與好友相約北橫上巴陵夜觀採集，在下巴陵碰面時，不約而同提議直接到「櫻花神樹」，足見這個蟲點當年的地位。

我們到達後分頭找尋，在樹旁的鐵架下發現一隻身上有橘色斑紋的黑色甲蟲，由不斷伸縮的腹部知道那是埋葬蟲，所以刻意不去理會，好友走過來問我：「你沒看到這隻蟲？」我頭也沒回的說：「那是埋葬蟲。」然後繼續搜索，這時眼睛餘光瞄到好友彎腰將牠撿起，慢慢地拿到眼前端詳，然後放到鼻前聞了一下，對著我說：「不怎麼臭。」當下被好友的行為嚇傻，一句話都說不出來。接下來的半小時皆無所獲，正準備往下盞路燈前進，看見路邊的枯葉好像動了一下，當天無風無雨怎麼會動呢？走過去一看，原來是隻剛降落的深棕色鍬形蟲在收翅，特別的大顎內齒讓我一眼就看出是隻雙鉤。

2003 年 7 月，與好友前往北橫找尋鍬形蟲，由中巴陵切往塔曼山的路況不好，一路像坐船般搖晃上制高點的平台。設定好燈光誘集設備後，拿出晚餐補足體力。今晚的溫度與濕度不錯，蟲況應該不會太差，但理想跟實際總是有差距，一整晚竟只有幾隻兩點鋸與數不清的蛾類，依經驗判斷，現在應是數種鍬形蟲的發生期，蟲況怎麼可能這麼冷清。下山的路上還互相調侃對方「都是你帶賽」，這時好友說：「來去那個平台好了。」那是半山腰上的岔路，盡頭是廢棄的房舍與平台，四周芒草叢生，孤單單一盞路燈亮著，起霧時看來特別陰森。

轉眼到了燈下，好友迫不急待地衝下車，我則先打開手電筒，看看四周有無蛇類才開門，接著傳來驚呼：「阿傑快來！」以為發生什麼危險，快步走到好友身旁，看他兩眼瞪著路燈下方，心想：「難道是遇上不乾淨的！」馬上以眼神掃視周邊，結果發現路燈旁的芒草上都停著 1 到 3 隻鍬形蟲，粗估應該超過 50 隻——我們遇上了本種的大發生期，難怪好友看傻了眼。

每年 5 到 8 月是本種發生期，若要形容得誇張點，就是「只要上山便遇到」的常見種類。雖然本種體型不大，但個性非常神經質，一有風吹草動，不是六腳一縮掉落或馬上跑掉，而是舉起大顎四處揮咬，也是我一直以來特別鍾愛的種類。

大顎端部呈鉤狀為辨識特徵（尖石）。

·鍬·鍬·話·

很多朋友看本種體型小，總認為沒什麼力
氣，咬人應該也不會痛，但是不要小看牠
喔！仔細看大顎前端非常尖銳，我的手指
頭好幾次都被牠的大顎咬出兩個洞，還見
血呢！

被蟻群扛走的雌蟲（特富野）。

體色較黑的雄蟲（南庄）。

體色較紅的小型雄蟲（上巴陵）。

趨光的雄蟲（杉林溪）。

從青剛櫟掉下的雌蟲（四稜）。

條紋鍬形蟲 條鍬

Dorcus striatipennis yushiroi

體　長：♂ 15-27 mm　♀ 15-20 mm
棲息環境：中海拔山區
習　性：日間地面爬行

談到這種鍬形蟲，與其說用什麼方法找尋本種，倒不如寫篇自然踏青的遊記比較實在一點。

2002年7月底至觀霧採集鍬形蟲，除了主要目標漆黑與鹿角外，希望能遇上早出的「洞口氏泥圓翅鍬形蟲」。因為是平日的早晨吧，由桃山到土場管制站出奇順暢，來到幾個去年發現青剛櫟與火燒烤的小土坡，GPS顯示海拔約1,500公尺，找到停車空間，踏著青草，看陽光透過枝葉灑落森林底層，內心有種說不出的感動，回想去年幾次的採集經驗，今天似乎沒那麼想要「捉」，單純坐著聽風聲也不錯，只是，熟悉的牛虻再度盤旋于手臂與頸間，「想吃早餐了吧？」我想。

舉手揮趕時，見草叢中有根小腿般粗長的樹幹，樹皮上的紋路、苔蘚如同畫作般精緻，伸手取來時，發現樹皮已脫落，露出淡黃色木質，單向纖維有著不同的條理，是明顯被啃食過的痕跡，由這些木質碎屑與緊實程度，確定創造隧道的應是鍬形蟲的幼蟲，本想剝開木質探查其中，但僅止於想想。將樹幹放回原位時，突然由中間斷裂，一個黑色物體掉落至草叢中，翻找許久終於看到緊縮六腳的牠，由大顎特徵與體長確定就是本種。

2009年幾乎都在探訪原生蘭與蕨類，為了在花期留下美麗的生態照，簡直就是瘋狂地繞行台灣，當天來回台東都算是稀鬆平常的行程。但我從沒忘記最鍾愛的鍬形蟲，因為，探訪的過程中，我才驚覺，這些山區不就是當時觀察鍬形蟲的地點嗎？

同年7月，帶家人到南投清境農場度假，第一晚在附近燈下僅發現二點赤、高砂深山。隔天一早往合歡山前進，過了松崗後，車外的氣溫變得非常舒適，突然間，左眼瞄到一棵金色植物高聳路旁，按了警示燈後慢慢靠向路旁，下車回頭，即望見被陽光渲染成金色的植物體，腦中閃過數種相關的蘭科影像，畫面停在「山珊瑚」，這是一種稀有的腐生蘭，不長葉、不行光合作用，只有花期才能看到。

拿了相機快步至護欄邊拍攝，專心調整角度時，老婆帶著孩子走到身邊問：「水溝裡的是鍬形蟲嗎？」原來是黑色的小蟲在乾溝中爬行，鞘翅的條紋因反光變得非常明顯。老婆的觀察力果然沒退步，讓我拍蘭花之餘，還能觀察條紋鍬形蟲。

小型雄蟲頭部特寫（大雪山）。

隨意剝開的朽木中，出現蟄伏的成蟲（霞喀羅古道）。

雌蟲前胸背板布滿均勻的刻點（觀霧）。

大型雄蟲內齒突較為明顯（觀霧）。

小型雄蟲（梅峰）。

人工飼育的超大型雄蟲（大雪山）。

鍬・鍬・話

找尋本種沒有什麼訣竅，最好的方法是每年 5 到 10 月份，挑選一個好天氣，前往海拔 1,200 至 2,500 公尺的山區，在森林樣貌完整的林道中呼吸新鮮空氣，也許能巧遇本種。

（佳陽）

金鬼鍬形蟲 金鬼

Prismognathus
cheni cheni

體　　長：♂ 15-36 mm　♀ 16-23 mm
棲息環境：中海拔山區
習　　性：夜間具趨光性、日間地面爬行
台灣特有亞種

（塔曼）

黑金鬼鍬形蟲 黑金鬼

Prismognathus cheni nigerrimus

體　　長：♂ 15-36 ㎜　♀ 16-23 ㎜
棲息環境：中海拔山區
習　　性：夜間具趨光性、日間地面爬行
台灣特有亞種

2003 年 8 月某天正值農曆鬼門開，幫汽車拋光美容時，好友來電：「傑哥，金鬼出了，衝吧！」鬼月找鬼也是非常合理的。答應後馬上接了兩位好友一路衝向梨山，經過北宜九彎十八拐，也沒忘了帶包金紙慰勞假期中的好兄弟。抵達梨山已經是黃昏，依循經驗法則找到視野廣闊的平台，快速架起燈光誘集裝備，邊吃晚餐邊等待「鬼」的到來。

七點半準時天黑，第一隻鬼也同時報到，開心地觀察人生第一隻金鬼，才拿在手上，又 1 隻鬼停在布上，雖然都是小牙雄蟲，但好的開始是成功的一半！那種期待與心情可想而知，無奈到了九點半，總成績只有 2 隻。

收燈後，決定找尋沿途路燈，沒想到第一盞就讓我們跌破眼鏡，那是一座黃色水銀燈，燈旁長了兩棵大櫻花樹，下車後我走向樹幹搜尋，光源由樹幹照向第一根側枝，隨即發現 1 隻大型雄蟲停在上面，告訴好友後，他快步走來時不慎摔倒，身體重重撞在櫻花樹幹上，造成巨大震動，瞬間聽到地上劈哩啪啦清脆的聲響，一手扶起好友，另一手則是探照地上，果然不出所料，是一堆鍬形蟲掉在地上的聲音。三個人趴在地上仔細搜索，連同樹幹上那隻大型雄蟲共撿了 17 隻，當時心

想：誰說鍬形蟲不趨黃色燈光？

2006 年 8 月前往杉林溪點燈，明明記得上車前檢查過所有裝備，但到了地點後發現，最重要的延長線組竟然忘在車庫，只好打電話向中部友人求援，所幸在表定亮燈時間（六點半）前送達，讓當晚順利亮燈，吃著好友帶來的便當，邊等著目標蟲飛來。

首隻趨光的昆蟲是隻蛾類，看牠在燈下盤旋飛舞，開啟今晚燈火派對的序幕，接踵而來的各種昆蟲將白色布幕點綴得十分繽紛。時間來到八點，心中納悶目標蟲怎麼還沒來，季節還沒到嗎？與好友推算過去採集時間，應該是發生期了，話才講完，立即飛來一隻金鬼雄蟲停在布上，後翅都未收好，而這晚總共來了四雄二雌。看著牠們邊聊起近 10 年各產地蟲況起落，許多地點因為森林砍伐與開發，昆蟲發生時的數量大不如前，這也是許多單位、民間團體推動「棲地保育」的主因，只有好環境才能讓生態永續。

雖然早就因為圖鑑與蟲友口中知道本種的存在，但與黑金鬼的相遇，卻遲至 2008 年後才開始。因為本種的主要產地觀霧、思源啞口、尖石皆是我常探訪生態的地點，但本種的產季是初秋，海拔 1,500 至 2,000 公尺的山區夜晚已低於 20 度，9 月已是鍬形蟲的季末，一趟上山除了

目標物種外，大概沒有其他的鍬形蟲可看，這也是我一直沒有專程找尋本種的主因吧。

2008 年因為愛上原生蘭，開始在各種季節上山找尋正值花期的蘭花，也因此才巧遇各產地的黑金鬼。2009 年與數位賞蘭好友到觀霧找尋中高海拔原生蘭，前一晚住在山上的研究站，很幸運地遇到季末的豔細身赤大型雄蟲。隔天一早前往海拔 2,000 公尺以上的山區探訪，林道邊坡草地與箭竹林中，找到數種正值花期的蘭花，開心紀錄後，一群人在林道上閒晃，眼尖的老哥發現前方有隻黑色的蟲在爬行，撿起來一看，特徵是金鬼，但外觀為黑色，這時想起書上的資料，依產地來說是黑金鬼才對。其後在尖石、思源啞口的觀察紀錄，皆是找蘭花時順便發現的。

金鬼雄蟲眼緣突起為辨識特徵（杉林溪）。

黑金鬼雌蟲頭部特寫（觀霧）。

金鬼鍬形蟲 金鬼

體長超過 35mm 的特大型雄蟲（佳陽）。

趨光的雌蟲（佳陽）。

步道上巧遇逛大街的雄蟲（杉林溪）。

黑金鬼鍬形蟲 黑金鬼

大型雄蟲尖銳上彎的大顎（塔曼）。

・鍬・鍬・話・

因為金鬼與黑金鬼的外觀幾乎沒有差異，僅有產地與體色可供分辨，而且目前兩種已知的產地確實形成連續分布，所以有的學者認為是否需要將其分成兩個亞種，值得商榷。

（合望山）

泥圓翅鍬形蟲 泥圓

Neolucanus doro doro

體　　長：♂ 23-43 mm　♀ 27-37 mm
棲息環境：中低海拔山區
習　　性：日間地面爬行

台灣特有亞種

如果沒記錯，採集泥圓翅那年應該與黃腳深山是同一年。在暑假結束後一周，與木生的蟲友分乘兩車由台北前往大雪山，當時對於日間行動的鍬形蟲還一知半解，所以抱著有蟲就好的想法。很快的到達產地，大家邊走邊聊天，怎麼也看不出是群昆蟲愛好者，直到一位蟲友將手舉起，展示剛撿到的大型雄蟲，所有人才進入專心的狀態。

細看周遭的植物，是由闊葉樹與針葉樹組成的混和林，有許多成人無法環抱的大樹矗立其中，森林底層滿是落葉與腐植質組成的厚地毯，難怪是各種生物棲息的熱點。時間很快地來到傍晚，雖然只撿到 1 隻雄蟲，但卻真正領略自然環境的樣貌。

隔年 9 月初接到好友電話，約了假日到清境農場找蟲，但我心想：這時間都季末了，清境哪有什麼蟲，應該是想去透透氣吧？在約定時間接了朋友，路上開聊時才知，原來清境也有泥圓翅，頓時精神一振。停車後，好友在林道上來回走動，這也是找圓翅屬的基本法，我則是找了面向森林的陰涼處席地而坐，因為這樣更能仔細觀察本種的生態習性。這裡的個體由兩旁原始林爬出，在林道穿梭，雄蟲到達路面前，會先停在草叢或是石頭邊，觸角不停前後擺動，

隨後才決定前進方向，推測應是找尋雌蟲氣味，若在不驚動牠的狀態下跟著走，找到雌蟲的機會很大。雄蟲一但遇到雌蟲，便如急色鬼般，抱住後觸角快速抖動，並隨即進入交配姿勢，由此可知，傳宗接代對牠們來說絕對是最重要的任務。

2008 年 9 月中，好友邀我前往南投，準備到本種的模式產地「合望山」探訪，過霧社後依照朋友指示轉往力行產業道路，心想：「原來合望山往這邊走呀，來這麼多年竟然不知道。」過了十多分鐘，行經一個叉路口，好友請我將車停靠路邊，便拿著裝備走往林道，下車後看著好友的背影，遙想當年昆蟲採集家找尋到本種的情景是否與此相同？以及當時怎麼來到這裡？

「快跟上來吧！」朋友喊著。追上後發現林道兩側皆是殼斗科植物，邊走邊看是否有蟲圍繞在樹旁，這時好友提醒要看地上才對，因為今天的目標習性是在路上爬行的。當天僅採集到 1 隻雌蟲，其他都是遭遇路殺被壓扁的個體。

在地面爬行的中型雄蟲（大雪山）。

林道上的小型雄蟲（大雪山）。

交配中的個體（清境）。

護雌中的雄蟲（大雪山）。

·鍬·鍬·話·

找日行性的圓翅屬必須特別注意安全，在道路或林道上行走時一定要靠□側，隨時抬頭注意周邊或道□情況，避免一腳踏入水溝或是遭到來車撞擊，「安全」永遠最重要！．

翅鞘紅色的雄蟲（清境）。

季末的大型雄蟲（大雪山）。

張開前足威嚇的雄蟲（清境）。

（觀霧）

洞口氏泥圓翅鍬形蟲

洞口氏

Neolucanus doro horaguchii

體　　長：♂ 23-43 mm　♀ 27-37 mm
棲息環境：中海拔山區
習　　性：日間地面爬行

台灣特有亞種

2001 年 7 月底，趁著工作閒暇之餘前往北部山區探訪，一早先往新竹尖石後山出發，將幾個重要的點探尋完，時間剛好遇上中海拔的紅圓翅發生期，開心採集後，馬上下山轉往觀霧大鹿林道前進，找尋朋友說的新種鍬形蟲，洞口氏。

大概是平常日吧，一路順暢地來到土場管制站辦理入山登記，林道上有許多熟悉的殼斗科植物，選了幾個特定的點停車探查，邊坡上的青剛櫟一樣受到愛戴，輕微搖動後，害羞的漆黑六腳一縮，馬上掉落，熟悉的火燒栲上還有季末的兩點赤，簡單探尋後隨即往更高處前進。

在好友說的地點停妥車後，開始於林道上搜尋。步行的同時，林道被濃霧覆蓋，順著路走發現一隻昆蟲由右側山坡快速竄出，隨即消失在另一端，身上一抹紫紅色金屬光澤透露出牠的身分，是保育類的「台灣擬食蝸步行蟲」（2009年後移出保育類昆蟲名單）。沒為牠耽擱太久，因為林道中央出現一個慢吞吞的黑色身影，就是牠了！其後一直到傍晚的觀察數量突破 30 隻，而且各種色型都有，為這次的探訪劃下完美句點。

隔年 8 月再次上山探訪，停好車隨即在路旁發現兩種地面爬行的鍬形蟲，心想這是個好兆頭，開始在路上漫步探尋，來回走了約 10 趟，洞口氏並沒想像中捧場，僅發現 1 隻雌蟲與 1 隻遭遇路殺的雄蟲。起霧是用餐的好時間，坐在停車空間的護欄旁，發現一種開著紅色、形狀如喇叭的小花，當時不知它是鼎鼎大名的「隸慕華鳳仙」，只覺得這植物蠻特殊的，當是找不到蟲時的自然觀察吧！

雲霧漸散，我走出林道，想看看水溝中是否有跌落的個體，發現路旁一位坐在地上仰頭望天的人，心想應該是賞蟲同好，攀談後才知是昆蟲科系研究生，偶然的緣分為日後埋下許多熱血的種子，是賞蟲過程中未曾預料的收穫。當天兩人總共採集 8 隻，以雌多於雄的比例，還有外觀翅鞘多已磨損狀態，推測是本種發生期末。

2015 年排定多次行程想再看看這些老朋友，無奈每次出發前夕不是大雨就是颱風來攪局，讓期望落空。觀察自然生物就是這樣，要把握好每次相遇的緣分，今年沒有，就期待明年再相見吧！

雄蟲一旦遇到雌蟲便馬上交配。

黑色翅鞘的雌蟲。

· 鍬 · 鍬 · 話 ·

泥圓翅的產地非常多，山區海拔的高
低差異極大，有的外觀甚至已出現差
異，例如眼緣突起形狀、體型胖瘦、
跗節長短等，就連發生期也不同，這
些部分都值得多觀察注意。

暗紅色翅鞘的雄蟲。

來不及移到路邊，遭到路殺的雌蟲。

前胸背板遭到攻擊的雄蟲。

小型雄蟲與紅翅鞘的雌蟲。

全身都是蟎類的雄蟲。

（杉林溪）

小圓翅鍬形蟲 杉林溪小圓、扇平小圓

Neolucanus eugeniae

體　　長：♂ 23-34 mm　♀ 23-33 mm
棲息環境：低海拔山區
習　　性：日間地面爬行

台灣特有種

當年因為「安妮的昆蟲世界」與「昆蟲論壇」，認識了台灣各地的蟲友，除了每年舉辦大型的昆蟲聚會外，還有各縣市不時舉辦的小型餐會，當時常與幾位好友往中部與南部跑，除了聯絡感情，也可探訪周邊的生態。

2003 年聽高雄好友說，南部的小圓翅發生在 9 月左右，所以特別南下一趟。高雄果然豔陽驚人，上了朋友的車一路往六龜前進，路上兩側多為檳榔樹、農田，直到丘陵山區才見到漂亮的森林，進入林道後約半小時車程，才真正感受南部山區的美麗景色。

好友將車停在路邊的樹蔭下，兩人開始步行，林道兩旁都是造林柳杉，林下長滿綠色腎蕨與開滿紫色花朵的倒地蜈蚣，因為地面充滿落葉腐植，每邁出一步都像踩在五星級飯店的厚地毯上，空氣中瀰漫一種氣味，那是自然與自在。好友看我漫不經心的模樣，轉頭提醒我還有好幾公里路要趕！其實本種不難找，只要是產季，林道上與邊坡都能發現努力爬行的個體。當天發現的大多數是雄蟲，應該是本種發生初期，一趟來回走了 10 多公里，至少完整紀錄牠們的生態樣貌。

首次探尋中部小圓，是與中、彰、投蟲友們聚餐後，相約隔天探訪生態，

一早集合後往杉林溪方向前進，路上觀察林相發現，森林東一塊西一角都是茶田，這樣的地方能有什麼好生態？看著好友們露出的神祕笑容，我也只能隨遇而安了。

車子停在一個髮夾彎，隨著馬路轉進一條農路，路的兩旁是柳杉林，這時看幾位好友走在路的兩旁，低頭四處搜尋，心想：「原來這裡已經是熱點。」這條路上車很多，大部分是茶廠經營者與採茶貨車，所以也看到了被壓扁的路殺個體，內心非常不捨。很快地，朋友找到一隻在路邊爬的黑色雄蟲，接著各色型的紅、黑色接連出現，讓我一次完整紀錄。

2015 年撰寫本書時，希望補拍兩個產區的小圓特徵，中部的時間抓得剛好，順利拍到特徵。但南部產區因為該林道封閉多年無法進入，本想作罷，在地好友得知需求後，幫忙打聽該區鄰近農路，並預先上山探訪路徑，最後如願拍到睽違 10 多年的南部小圓。

大顎前端的上齒突（杉林溪）。

黑色翅鞘的小型雄蟲（扇平）。

紅色翅鞘的大型雄蟲（扇平）。

紅色翅鞘的雌蟲（杉林溪）。

紅色翅鞘的雄蟲（扇平）。

黑色翅鞘的小型雄蟲（扇平）。

多數蟲友稱本種為「小黑」，實際正確的小黑是產於北部的小黑（台灣圓翅），因為牠全身皆為啞黑色。但是本種翅鞘具有光澤，而且顏色有紅有黑，所以稱為「小圓翅」較為恰當。

幸運躲過路殺的個體（杉林溪）。

（四稜）

紅圓翅鍬形蟲 紅圓翅、國慶蟲

Neolucanus swinhoei

體　　長：♂ 29-54 mm ♀ 28-42 mm
棲息環境：中低海拔山區
習　　性：日間地面爬行、趨樹液
台灣特有種

當兵前常與老婆騎機車到坪林釣魚，記得有一回是 10 月份，由台北往坪林的路上，過了往石碇的岔路後，發現路上有許多紅色甲蟲的屍體，都是被快速往來的車輛壓扁，將摩托車停在路邊後，撿拾了一隻準備過馬路的個體，當時由牠的大顎僅能得知這是一種鍬形蟲。帶回家後，依小時候的記憶為牠布置新家，並準備新鮮水果給牠食用，但牠只是不停爬行，完全沒有進食的行為，直到數周後再也不動。

再回到生態世界那年，剛好是夏末 8、9 月份，雖然到處亂跑，卻什麼也沒找到。直到上網查詢相關資料時發現，數年前坪林巧遇的紅色甲蟲是紅圓翅鍬形蟲，推算產季時間，與老婆再次騎乘機車回到記憶中的地點，也許時間沒抓準，這趟來回僅是舊地重遊。直到第二次探訪，才見到那熟悉的場景：「滿滿的紅色甲蟲屍體」。明知道養不活，還是帶了一對回家觀察，最後做成標本保存。

2001 年在尖石海拔 1,200 至 1,500 公尺山區找尋鍬形蟲，當時有棵巨大的殼斗科植物，需要兩人才能環抱的樹徑讓我印象深刻。這棵樹在夏天會「下雨」，我曾經帶幾位朋友去體驗，各產季的雨都不同，兩點翅雨、漆黑雨、台深雨等等，其中讓我印象最深刻的是紅圓翅雨，因為這裡的發生期是 7 月底至 8 月初，與低海拔的 9 月底至 10 月中大不同。

2004 年好友當兵放假返台，希望再次體驗鍬形蟲的魅力，為了讓他帶著美好回憶收假，我們驅車直往尖石。當天這棵樹沒讓我漏氣，利用長達 9 公尺的竿子輔助，果然紅圓翅如雨下，掉落在地上的個體超過 50 隻，空中飛走的還沒算，總數應該有百隻以上，其中還包含了少見的黑化型紅圓翅，好友也留下深刻印象。但這棵樹在數年後因環境開發遭地主砍除，讓我無限懷念。

圓翅屬除了台灣圓翅與大圓翅外，泥圓翅、小圓翅、紅圓翅的外形常讓初學者難以分辨，除了以產地區別外，僅有少數資深蟲友能看出差異。其實圓翅屬還有許多產地的個體，跟目前已命名的物種外觀上，如眼緣、體型、體色、跗節長短與光澤皆有明顯的差異，成為許多愛好者採集收藏的對象。

2014 年，中興大學葉文彬老師團隊使用分子與形態特徵確認泥圓翅、洞口氏泥圓翅、小圓翅、紅圓翅是同一種，簡單來說通通是紅圓翅。剛看到這個結論時，內心充滿疑問：「明明外觀與發生期皆不同，怎麼結果會是這樣！」

2015 年接待日本學者時，剛好遇到葉老師帶的博士生，當時詳聊後才解開心中的謎團。

目前研究結果顯示：親緣關係皆屬於同種，雖然外觀上已有不同，只是分化的時間很短，所以基因上的差異不大。如果以外觀、發生期、產地來說，傳統形態分類學者會認為是不同種，但分子生物學的分類學者依據資料顯示，差異性還不到分成種的程度。據個人觀察，同時出現泥圓翅與紅圓翅，泥圓翅與小圓翅的產地會發生雜交的情況，之後是否會出現下一代，或下一代是否具備繁衍能力，甚至出現更新的物種，這一點誰都無法預料。

撰寫本書時，許多好友關心書中圓翅屬的分類狀態，但是大家忘了這篇研究是親緣關係，並非分類異動，所以依照原有的種類來撰寫。我想未來分類狀態，應該不會分成數個亞種，而是處理為紅圓翅的各區域型，這樣應該比較符合現有的資料。

· 鍬 · 鍬 · 話 ·

許多人想要繁殖紅圓翅，但本種喜歡的腐植比較特別，在野外觀察時發現，紅圓翅活動的環境多有竹林，如果在高發酵木屑中，添加竹林底層撿拾的竹葉腐植，有助於雌蟲產卵與幼蟲穩定成長喔。

眼緣突起不同於紅圓翅的大型雄蟲（海岸山脈產）。

黑化型雄蟲（尖石）。

舉起前足威嚇的大型雄蟲（陽明山）。

翅鞘半黑化的雌蟲（尖石）。

紅色翅鞘的小型雄蟲（海岸山脈產）。

黑色翅鞘的大型雄蟲（武界）。

黑色翅鞘的雌蟲（武界）。

CHAPTER 5

鍬形蟲日記簿
冬寒蟲跡隱

是的！真的好冷。路上沒幾個人可以穿著短袖，大家都戴上帽子、
裹起外套保暖。面對冬天，各種生物也有因應法則，當綠色大地換
裝為枯黃色調時，某些植物選擇落葉度過，有的動物躲藏於洞穴或
樹皮縫中，等待春仙子的到來。不要以為鍬形蟲會認分躲著，只要
氣溫稍微回暖，而且您也願意到野外走走，就有機會看到牠們停在
樹幹上喔！

（梅峰）

斑紋鍬形蟲 斑鍬

Aesalus imanishii

體　　長：♂ 5 mm　♀ 5 mm
棲息環境：中海拔山區
習　　性：主要棲息於朽木中，偶爾於棲息木上活動
台灣特有種

我對台灣產的鍬形蟲都有種特殊情感，也從沒放過任何觀察的機會，所以，只要起了話頭，總能講出一堆故事——除了這種鍬形蟲。

第一次看到牠，是好友帶來一盒飼養箱，箱中的木屑並非一般的黃褐色或咖啡色，而是少見的紅褐色，這讓我起了疑心，朋友沒等我開口就說：「帶了特別的鍬形蟲來給你看。」雙手接過飼養箱時脫口而出：「箱子很冰，這裡面是高山的種類喔！」朋友微笑說道：「果然沒什麼東西可以瞞過你。」其實內心還沒有確定的答案，但看到木屑時，就確定是牠了——因為只有幾種產於台灣中高海拔山區的種類會吃紅色木頭，所以我知道：就是你了，斑紋鍬形蟲。

還記得首次在野外觀察本種是好幾年前的秋天。當時一車子人只是想要上山透透氣，來到尖石海拔約 1,700 公尺的山區，停好車後各自背起裝備與飲水，一步一步往林道上攻，沿途感受到寒冷的氣溫將植物凍得色彩繽紛，聽著風中的鳥鳴，偶而夾雜我們沉重的呼吸聲……

由路旁小徑穿入森林中的平台，取而代之的是濃厚秋意，腳下的落葉枯枝發出清脆聲響，陸續探訪各種或立或橫躺於地的朽木，循著看過的書籍與聊天時儲存的記憶，找尋傳說中紅色的朽木。剛倒的紅木太生，質地硬，不是！一剝就化成碎屑，已經被菌類、生物分解成泥，也不是！眼角瞥到森林邊緣的一個樹頭，陽光穿過層層樹叢照射其上，似乎在呼喚著我，剝開木頭的一瞬間，滿滿的坑道與食痕都是幼蟲的傑作，這時朋友也聚攏過來幫忙找，但在大面積的朽木堆中，要找一隻不到 5mm 的小蟲談何容易。

朋友也不禁好奇問：「這小蟲有這麼厲害嗎？」繼續動作的我：「因為牠是台灣的特有種，而且是全台灣最小型的鍬形蟲，更是目前世界已知的 1,400 種鍬形蟲中，體型第三小的種類，可說是另類台灣之光呀！」剝著剝著，突然看到一小塊木屑開始移動，木屑表面顏色斑斕，彷彿長有細毛，靠近仔細端詳後，天呀！這不就是斑鍬嗎！好友們馬上湊過來，一起觀察這讓我找了半天，「世界無敵小」的鍬形蟲。

剛羽化的個體，斑紋非常明顯（尖石）。

·鍬·鍬·話·

我在找尋本種時，總會帶著手電筒，因為森林底層光線不足，要在紅色木頭上找到牠簡直是眼力大考驗，如果有光源輔助，更能在同色的環境中將牠分辨出來喔！

產地狀態（尖石）。

外表難分雌雄（尖石）。

三齡幼蟲與鞠躬盡瘁的雌蟲（尖石）。

在樹皮上爬行的個體（大雪山）。

可清楚見到大顎與觸角的特徵（大雪山）。

雄蟲後足脛節末端無突起（梅峰）。

雌蟲後足脛節末端粗大突起（梅峰）。

（梅峰）

高山肥角鍬形蟲 小頭肥、高山肥

Aegus kurosawai

體　　長：♂ 14-23 mm　♀ 14-21 mm
棲息環境：中海拔山區
習　　性：夜晚具趨光性
台灣特有種

之前常聽蟲友說：「想尋找本種鍬形蟲，只要到海拔夠高的山區，找到樹幹內是紅泥的枯倒木，就能挖到。」雖然我把這段話記得很清楚，但從未在野外以此為目標找尋本種，而第一次與本種相遇的情況，就讓同行好友嘖嘖稱奇。

2002 年 6 月中與好友上太平山，當天主要為昆蟲相調查，依時間來說剛好是「黑栗色」的產季，向派出所報備後隨即往翠峰湖前進，找到視野不錯的地點，馬上將燈光誘集裝備設定好，「剪刀、石頭、布」，決定由好友留守，我則到山莊找尋路燈下的昆蟲。

一個人帶著晚餐坐在路口的燈下，等著七點半的到來，啃麵包時發現地上有個小小的物體往我移動，好奇心驅使下將牠拿起來，竟然是隻母鍬形蟲，由牠體表布滿的小刻點判定是肥角屬雌蟲，姬肥、X 肥棲息的海拔沒那麼高，所以排除；台肥的樣貌與手上這隻也完全不同，而且這隻體色為明顯的深棕色，與台肥的黑色不同。

這時發現最重要的特徵了，牠的頭深陷於前胸背板，好像將頭部埋進去似的，本屬有這項特徵的只有一種高山肥，據說牠不趨光，難道是我認錯了？當晚在燈下共發現一雄四雌的趨光個體，回到燈光誘集處與好友分享後，露出不可置信的表情說：「從來沒聽過本種趨光。」也讓這晚留下難忘的回憶。

說來好笑，我與本種的緣分不淺，但是每次都忘了留下牠們自然的樣貌，總認為要拍的時候再找就好，直到本書交稿前夕、確認生態照時才發現，本種的照片竟然沒幾張！馬上連絡中部好友約定上山賞蟲時間，很快地來到熟悉的山區，順著林道一路找尋本種棲息的枯倒木。或許是莫非定律的關係，耗盡了一整個早上的時間都沒發現本種，之前發現本種的倒木木心已空，甚至還有蝙蝠棲息其中。

往森林深處走去，總算發現一棵直徑約 60 公分的倒木，橫躺的那端露出熟悉的介質：「濕潤的紅泥」，兩人開始向內掏尋泥中的族群，經過 10 多分鐘後總算有所發現，雖然只是分解的殘骸，但由大顎與翅鞘的特徵皆能確定是本種無誤！基於愛護原生環境的想法，我們將掏出的紅泥塞回樹幹中，期望這裡的一切不會因人們的私心而遭受破壞，讓自然永續利用。

大小不同的成蟲。

· 鍬 · 鍬 · 話 ·

找尋本種最重要就是在夠高的海拔，挑選
適合的枯倒木，木頭的直徑至少要 50 公
分以上，樹皮長滿綠色苔蘚，觀察時，可
以先看兩端是否露出紅色的泥狀介質，觀
察後別忘了將其塞回喔！

紅泥中的殘骸（大雪山）。

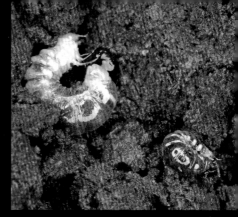

紅泥中的二齡幼蟲與三齡雌蟲（大雪山）。

雌蟲頭部眼緣特寫。

（杉林溪）

葫蘆鍬形蟲 葫蘆鍬

Nigidionus parryi

體　　長：♂ 25-33 mm　♀ 25-33 mm
棲息環境：中低海拔山區
習　　性：日間地面爬行

2001 年泰國遊時，所有人在車上聊天，內容全都在討論鍬形蟲的生態與行為，野外的食性、產卵的介質、不趨光要怎麼找……其中講到某些昆蟲有護幼行為時，好友提到，台灣有一種很特別的葫蘆鍬形蟲，由於外形太過特殊，所以全世界僅一屬一種，而且成蟲行為非常有趣，會在枯木中照顧幼蟲，聽完後讓我好奇不已，決定要好好探訪本種。

打聽過基本資訊後，首先前往的山區是北橫沿線，資料說牠會在路上爬行，所以決定由巴陵沿著公路往東前進，一路當然不會只是注意地上的昆蟲，同時也發現了開車不會注意到的植物，原來路旁有許多青剛櫟，邊坡的蕨類真美，岩壁上原來有蘭花。整天的行程走下來真不輕鬆，找到有樹蔭的邊坡，乾脆坐下來小睡一番。

突然，手臂上突如其來的劇痛驚醒了我，原來是牛虻把我當成下午茶，趕走後起身準備再前進，拿起背包時，發現路旁乾溝有個黑色的物體在移動，沒想到是一隻極新的個體，讓我的觀察體驗多了一項「睡覺採集法」。

本種外形最具特色的應該是整個頭部，兩側非常明顯的眼緣突起，許多人第一次看到都覺得像「突眼青蛙」。粗短往上翹的大顎由側面看更加明顯，因為很多朋友會將本種當成「角葫蘆屬」的種類，但本種的大顎沒有上齒突，這是初學者必須記住的特徵。曾不只一次聽蟲友說，本種受到干擾時會發出聲音，依照自己的經驗，通常是六腳緊縮不動呈假死狀態，是否會發出聲音還需要多觀察。

幾年來在林道上遇到本種的次數不算少，但一直未能如願紀錄成蟲與幼蟲共生的畫面，向蟲友提及此事，大家皆建議直接劈枯朽木最快。其實這是一種生態觀察方式，尤其這類無法分辨雌雄的成蟲，勢必要在幼蟲期確認是否具有卵巢的器官，或化蛹後依生殖器來判斷。無奈個人不愛此類「殺雞取卵」的做法，直到蟲友繁殖本種，並與我分享飼養過程的觀察，才明確知道本種成蟲確實會與幼蟲共棲，成蟲以大顎將枯朽木咬碎供幼蟲食用。有蟲友指出，如果單獨飼養幼蟲，養成率極低。關於這點，個人認為應該與腸胃道共生真菌有關，值得深入探討。

頭部與眼緣突起、大顎特寫（北橫）。

側面可看出大顎的彎曲程度（北橫）。

棲息在朽木中的個體（尖石）。

本種受到驚擾，馬上縮起六足（杉林溪）。

等了好幾分鐘才開始活動（杉林溪）。

· 鍬 · 鍬 · 話 ·

探訪日行性的鍬形蟲，最重要的是把握「產季」，每種皆有其發生的季節，許多非日行性的種類也可能在白天發現，這就是生態有趣的地方，因為沒有親眼看到，您絕對不會相信。

（三峽）

鄭氏肥角鍬形蟲 過去誤認為姬肥角

Aegus jengi

體　　長：♂ 11-21 mm　♀ 11-18 mm
棲息環境：低海拔山區
習　　性：夜晚具趨光性、趨腐果

台灣特有種

剛回到自然生態世界，鍬形蟲是我最為關注的物種。當時以台北周邊為主要探索區域，常與蟲友開車在山區到處找，隨著經驗累積，發現找蟲是有訣竅的，像無頭蒼蠅般亂鑽怎能找到蟲！後來用心收集資訊並且廣結善緣，才開啟多元的觀察之路。會與本種結緣，就是在特別的機緣下發生。

那陣子常與好友們去金山泡溫泉，2002 年 3 月的周末泡完溫泉後，與幾位朋友在路邊聊天，這時注意到旁邊的樹種皆為柳杉，雖然有幾棵二葉松與其他植物穿插其中，但是林相太過單一，心想這樣的環境應該不會有鍬形蟲，可我依稀記得有種肥角鍬形蟲喜歡針葉樹的枯朽木，所以趁空檔到林中查看。

走一小段後發現枯倒木，樹幹上布滿孔洞，顯示有不少昆蟲利用。稍微用點力，樹皮馬上剝離而且還有白蟻竄出，顯示這棵枯倒木應該有段時間了。照經驗來說，應該不會有鍬形蟲，但依循調查習慣，還是將樹皮掀開，赫然發現：樹幹內部充滿暗紅色的木屑，1 隻鍬形蟲的幼蟲直接滾了出來。雖然內心非常興奮，但還是控制自己的手不要發抖，將木屑剝開，裡面充滿本種成蟲、各齡幼蟲、蛹、觀察後慢慢將木屑與樹皮蓋回去，盡可能恢復樹幹的原來狀態。走出樹林時，不小心踢到路旁一個柳杉枯樹頭，裡面竟也滾出一窩各齡幼蟲，嚇得我趕快將牠們放回，並將樹皮回復原狀，心想：「這種也太多太好找了吧。」

隔年 5 月在新北市坪林找尋「小黑」，漫步在林道中期望與牠相遇，由於無法確認牠會由哪邊爬出來，乾脆挑個有樹蔭的位置坐著等。時間一分一秒過去，不見目標物身影，秉著隨遇而安的個性，轉而觀察周圍森林樣貌，旁邊的倒木引起我的注意，由樹皮來判斷應該是針葉樹，剝開樹皮後發現幼蟲的食痕，好奇心驅使下開始將木屑緩慢掏出，出現的是本種幼蟲與成蟲，雖然沒遇到小黑，但有了個人的新紀錄。

撰寫本書、整理圖檔時發現，本種的照片竟然沒幾張，為了補齊圖檔，特地將曾紀錄過的產地跑了幾趟，沒想到原有的族群都消失了。與蟲友討論才知道：北部的姬肥角變得非常少了，到底是什麼問題造成這樣的情況，其實值得我們討論。

文中產在北部的姬肥角鍬形蟲，已在 2016 年年底發表為新種：「鄭氏肥角鍬形蟲」，命名者以鄭氏為本種鍬形蟲種名，是為了表彰鄭明倫先生對鍬形蟲的貢獻。

真正的姬肥角鍬形蟲，產地在中部山區，如 P227 下方的四張圖片，可由大顎內齒間距與眼緣分辨。

雌蟲頭部與前胸背板特寫（坪林）。

· 鍬 · 鍬 · 話 ·

姬肥角與鄭氏肥角喜歡的樹種很特別，都
是所謂的針葉樹，最特別的是常與螞蟻、
白蟻當鄰居，各有空間且互不侵犯，但總
讓人想不透其間的因果，如果有更多的觀
察紀錄，或許可以解開這個謎團。

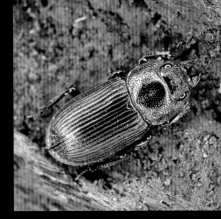

雌蟲（三峽）。

體型袖珍的雄蟲（三峽）。

外形與台灣肥角小型雄蟲非常相似（陽明山）。

姬肥角中型雄性個體。

姬肥角雌雄個體合照。

姬肥角鍬形蟲的雌蟲，可由大顎內齒與明綠特徵來

（大漢山）

台灣角葫蘆鍬形蟲 台灣角

Nigidius formosanus

體　　長：♂ 14-23 mm　♀ 14-23 mm
棲息環境：低海拔山區
習　　性：夜晚具趨光性、趨樹
台灣特有種

玩蟲初期非常喜歡與日本同好交流，我們透過 E-mail 及聊天室聯絡，過程中常能得到許多採集、飼養的知識，還讓我的英文跟著進步，這也算是接觸昆蟲時意外的成長。有天一位日本朋友問我：「看過台灣角葫蘆鍬形蟲嗎？我希望到台灣看野外的生態樣貌。」這才開啟找尋本種的契機。

透過好友得知，台中大坑是距離台北最近的產地，當年 10 月隨即南下與好友會合，晚餐後跟著好友在步道中前進，看好友經過數盞路燈沒停下，心中狐疑不已的我則是慢下腳步，拿起手電筒習慣性地探找，好友注意到我的舉動，微笑地說：「這裡的台灣角不太趨光，牠們喜歡停在特定植物上，所以不用找燈下。」聽完後才知道原來是這樣呀！也忘記走了多久，好友停在一棵樹前問我：「知道這棵是什麼樹嗎？」看樹形與氣根直接回答「榕樹」。好友說，這幾棵榕樹是重要熱點，台灣角喜歡停在上面。我隨即拿著手電筒做地毯式搜尋，努力了一段時間還是沒找到，這次探訪沒能成功找尋。

不久，另一位好友說他有個人熱點，我隨即驅車南下，一樣約在大坑，這時我心想：「不會又是那幾棵榕樹吧？」跟著好友的步伐，這次不同的是沿途皆使用手電筒搜尋，每盞燈下更是能翻能找的絕不放過，見識過上次輕鬆定點的找尋方式後，這次算震撼教育。休息時與好友聊起上次專找榕樹的方式，他說這個他也知道，無奈運氣不好，找榕樹從來沒遇過，只有尋燈才找得到。這番話點醒了我，找尋昆蟲的方式非常多，每個人也都有自己的祕密地點與特殊方法，但多觀察牠們棲息的環境才是不二法門。當晚我們也順利找到本種，雖然小小一隻，卻是大大學問呀！

撰寫本書時需要拍攝本種的眼緣特徵，剛好 2015 年接待日本學者到大漢山調查數次，期間只要找到空檔即夜探路燈，無奈原有的水銀燈皆改成 LED，空有亮度卻無蟲靠近。夜晚燈光誘集時，來的多是特定類群昆蟲，本以為無緣再見，還好屏科大大人在樣區研究調查時，仍不忘傳達各種觀察訊息，讓我在交稿前順利拍攝。

夜晚趨光的個體（大坑）。

· 鍬 · 鍬 · 話 ·

角葫蘆這類鍬形蟲因為體型小，在野
外不容易發現，而且族群數量並不多，
但卻是飼養繁殖簡單的種類，只要使
用正常的產卵木，搭配深色的發酵木
屑，通常都能順利繁殖成功。

日間爬行的個體（壽卡）。

側面可看出大顎形狀（壽卡）。

眼緣突起

本種眼緣突起為辨識特徵（大漢山）。

（壽卡）

豆鍬形蟲 豆鍬

Figulus punctatus

體　　長：♂ 8-12 mm　♀ 8-12 mm
棲息環境：低海拔山區
習　　性：夜晚具趨光性、日間地面爬行

（四稜）

徐氏豆鍬形蟲 舊稱高山豆鍬

Figulus hsui

體　　長：♂ 8-12 ㎜　♀ 8-12 ㎜
棲息環境：中低海拔山區
習　　性：夜晚具趨光性、日間地面爬行

探索鍬形蟲的過程中，只有在嘉義大學建置昆蟲館期間，以及跟著《台灣全記錄》外景團隊時較常往南部、東南部跑。其餘時間的探索區域通常是南投以北為主。某些鍬形蟲只產在南部或東南部，當遇上這些少見的種類，蟲友們都會說「超級強運」！

2011 年 5 月，日本竹節蟲愛好者鈴木氏來台旅遊，與摯友帶他跑了台灣一圈。由台東往壽卡前進時決定到附近林道找特定竹節蟲，也許季節不對，並未找到目標蟲，我們決定晚餐後再訂定後續行程，吃飯時好友提到，壽卡鐵馬驛站晚上的路燈下常吸引具趨光性的竹節蟲飛來，所以決定飯後往驛站前進。

熟悉的路燈依舊明亮（現已換成LED），我們各自搜尋不同區域。照經驗來說，燈下的石頭縫與旁邊廢棄的建築通常會有怪東西，所以拿著手電筒往旁邊走去。南迴公路上的車輛來往快速，在廢棄屋舍這帶觀察須小心車輛，簡單來說，必須瞻前顧後。樑柱銜接處、屋瓦重疊縫隙都是我們的搜尋重點，就連地上雜草石頭也不放過，畢竟這裡是台灣的東南端，並非自家後院。經過數十分鐘努力但沒收穫，這種情況對喜好自然生態觀察的夥伴來說真的沒什麼，走回驛站看兩位好友坐在燈下聊天，日本友人手上拿著剛發現的竹節蟲，打聲招呼後繼續往驛站另一側找尋。

首先映入眼簾的是不曾有水的乾溝，這次竟然變得像小池塘般，紅娘華捕捉果腹的竟然是蚊子的幼蟲孑孓，趕快拍照紀錄後，開始觀察旁邊的筆筒樹幹，直到朋友呼喊「阿傑走囉」。再回到燈下見好友起身準備離去，地上一個發出光澤的黑色豆狀物體引起我的注意，連忙請朋友停下腳步，我則是馬上趴下檢視，發現牠具有大顎與 L 形曲膝狀觸角，再由眼緣突起判斷是「豆鍬」無誤。

距離第一次發現，直到撰寫本書已過數年，曾多次南下特地想要找尋本種，除了上述南迴壽卡一帶，鄰近如車城、滿州的縣道、鄉間小路也是一併搜尋的地點，可惜好運之神並未眷顧，總不見那既陌生又熟悉的身影。驛站依然聳立在南迴制高點，但路燈已非水銀燈泡，省電的 LED 大放光明，燈下昆蟲盛況不再，每次總會在燈下稍坐片刻，期望起身後能夠再見那發亮的豆大黑點。

早耳聞徐氏豆鍬這謎樣物種，與豆鍬最大差異在於本種多在海拔 1,000 公尺以上山區，在我的觀察紀錄中以夏季為主，之前皆未留下任何照片資料。直到 2010 年 8 月底與好友到大漢山探訪生態，在林

日間在地面爬行的徐氏豆鍬（巴陵）。

道上巧遇兩位好友，聊天過程中發現兩隻在林道上爬行的個體，才以影像方式紀錄。其後在北部橫貫公路四稜路段、南橫利稻路段、藤枝森林遊樂園皆有成蟲觀察紀錄。與豆鍬在外觀上的差異並不明顯，依照圖鑑上的資料與自行比對後，確實前胸背板較豆鍬方正，大顎外緣上方稜角特別明顯。

徐氏豆鍬形蟲原名高山豆鍬形蟲，已在 2016 年年底發表為新種：「徐氏豆鍬」。由於徐渙之先生為第一位發現本種「高山豆鍬」的人，命名者以他的姓氏為種名，表彰徐先生對昆蟲推廣教育的貢獻。

豆鍬形蟲 豆鍬

眼前特寫（壽卡）。

側面（壽卡）。

朽木中的個體（恆春）。

徐氏豆鍬形蟲 舊稱高山豆鍬

朽木爬出的個體（尖石）。

徐氏豆鍬的側面（尖石）。

· 鍬 · 鍬 · 話 ·

這類小型鍬形蟲身體外觀上的細微差異，一般很難馬上分辨，尤其是眼緣突起、大顎內齒突、前胸背板邊緣等，如果出野外時隨身攜帶「放大鏡」，觀察時就可以輔助確認特徵。

（壽卡）

路易士角葫蘆鍬形蟲

路易士角

Nigidius lewisi

體　　長：♂ 10-20 mm ♀ 10-20 mm
棲息環境：中低海拔山區
習　　性：夜晚具趨光性

小時候最愛的卡通《無敵鐵金剛》一直潛藏在記憶深處，其中最經典的畫面就是章魚狀的指揮艇準備與鐵金剛組合，駕駛大喊「指揮艇組合」的時刻，沒想到探訪生態的過程中，再度找到當年的回憶。

剛開始注意台灣產的角葫蘆這屬鍬形蟲時，以本種令我印象最深刻，因為牠的頭部與卡通的巨型機械人殊無二致，尤其是本種複眼後的突起物，與機械人頭部的圓錐耳狀物一樣，當時心想：「怎麼會有蟲長得跟卡通人物一樣？」難道卡通創造者看過這隻蟲或近似種類？因為本種棲息的地點遠在東南部，所以未曾專程找尋。隨著時間流逝，我也漸漸淡忘了，直到與好友到東南部山區探訪生態，才終於在野外看到牠的真面目。

南迴公路向來是我找尋各種生物的大熱點，沿路的殼斗科植物棲息著稀有的角蟬、美麗的竹節蟲，而樹幹上長滿稀奇古怪的著生植物，尤其是冬天。當我在北部找不到昆蟲時，這裡就是最好的觀察地點。

11月氣候已經進入秋季的時序，與好友探找台灣最美麗的「六點瘤胸竹節蟲」，當天運氣不錯，除了目標外，還找到一種「異色小異竹節蟲」。運勢正旺的我們深入公路上的林道，期望找到更多不同的昆蟲，仰頭操作高達9公尺的長竿時，好友看到路中一截枯倒木，想移到草叢邊，隨腳一踢，竟然將木頭分成兩半，裡面滾出幾隻黑色的小蟲，這時好友才叫我：「阿傑，這裡有幾隻蟲你要不要？」放下長竿靠過去一看，是朝思暮想的鐵金剛鍬形蟲呀！

2009年10月再遊南迴，這次目標是身形嬌小的角蟬，體常只有5到10mm，在偌大的森林中找這麼小的昆蟲，是極耗費時間與眼力的，因此我準備了長竿與大網框來個「上下夾擊」。聽起來很厲害，不過是低矮的灌木叢以眼睛搜索，較高的樹冠頂使網採集，當天「眼」、「網」並用下，也才找到2種共3隻，都是少見的種類。看天色變暗，心想到壽卡驛站休息吃晚餐好了，停好車坐在水銀燈下啃麵包，邊注意趨光來的昆蟲，這時，一隻由旁邊花圃爬出的蟲引起我的注意，發現牠的複眼後突起物，終於再見我的鐵金剛！

眼緣突起特徵

頭部特寫像不像「指揮艇組合」的無敵鐵金剛（大漢山）。

棲息在朽木中的個體（大漢山）。

側面可看出大顎基部的弧形上齒突（壽卡）。

蛹室中剛羽化，紅通通的個體（大漢山）。

· 鍬 · 鍬 · 話 ·

觀察生物時，若能以各種耳熟能詳的人物或
物品來形容，更容易讓記憶加深，尤其是記
取名稱或外觀特徵時，找出更具代表性的形
容詞，有事半功倍的學習效果喔！

CHAPTER

5

冬季篇

242

（杉林溪）

台灣肥角鍬形蟲 台肥

Aegus laevicollis formosae

體　　長：♂ 17-46 mm　♀ 13-24 mm
棲息環境：中低海拔山區
習　　性：夜間具趨光性、趨樹液、日間地面爬行

若真的要選出個人最愛的鍬形蟲種類，本種絕對是第一名。牠的體長雖然不大，但以大顎形狀、體態比例各項標準來看，皆符合「威武雄壯、穩重有力」的樣貌，尤其大型雄蟲更是可遇不可求！

第一次認真地看待本種是 2008 年 6 月在杉林溪，當天主要是探訪植物，因為要找的目標非常迷你，所以在林道上如當兵般匍匐前進，揪團的好友果然將時間抓得準確，沒一會兒就找到開著鮮紅花朵的目標物。拍完後一行人漫步下山，突然間有人大叫：「有蟑螂！」通常出門探索生態時，遭遇「可怕生物」都由我負責驅趕，走近後發現，是隻超大型的台肥雄蟲，拿在手上仔細端詳，發現牠的大顎好立體、厚實，可能以前遇到的個體都不大，所以從未發現牠獨有的魅力吧！

回想探訪鍬形蟲的日子，幾乎每次出門都可遇到本種。初春到秋末常能見到牠的身影，但多年來對牠的幼生環境感到好奇，網路上蟲友以又酸又臭的木屑加腐植土繁殖累代成功，而且介質濕到可以滴水的狀態，其他種類的幼蟲在這環境中肯定不能活，這樣的疑問，直到第一次在野外發現牠們棲息的樹洞，才得到了證實。

在大雪山林道上步行探訪生態，走了數公里後在路旁休息，靠著應該是楠科的大樹，喝水時樹幹基部的樹洞吸引我的注意，樹洞直徑約 4 公分，流出深棕色的枝液，洞口看到黑色物體移動引起我的好奇心，翻開樹皮原以為是一般樹液，但這裡面卻是濃濃的發酵酸臭味，而且肥角直接泡在樹液中，裡面藏著三雌一雄，酸臭的樹液中似乎還有其他生物在蠕動，這才真正了解牠的生態樣貌。後來在朋友的帶領下，探訪低海拔常見的相思樹，原來肥角真正的大本營是在相思樹洞中，除了樹種不同外，流出的汁液與裡面的物質一樣，是發酵的酸臭物質。

找尋本種的方法除了夜間趨光與樹洞外，個人最喜愛的就是「散步觀察法」。通常在 5 到 9 月的發生期，海拔約 800 至 1,800 公尺的山區林道，白天常可發現肥角在路面上爬行，或是停在不特定的樹幹上，有時一天可遇到好幾隻，所以本種也是踏青郊遊時，可以找尋觀察的好對象。

超過 45mm 的超大型雄蟲（觀霧）。

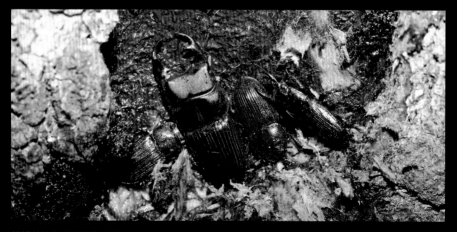

雌雄共棲在楠科植物的樹洞（大雪山）。

如果想在樹洞找尋藏身其中的肥角，個人認為樹種不是問題，因為欒樹、相思樹、青剛櫟與許多植物都有發現紀錄，最重要的是確認流出的汁液是否為酸臭的味道，因為這是本種的最愛。

躲在樹洞中的大型雄蟲（阿里山）。

趨光的雌蟲（力行產業道路）。

（淡水）

矮鍬形蟲 矮鍬

Figulus binodulus

體　　長：♂ **10-18 mm**　♀ **10-18 mm**
棲息環境：中低海拔山區
習　　性：夜間具趨光性

本種棲息於全台低海拔山區雜木林，可說是台灣小型鍬形蟲中最常見的種類。

印象較為深刻的一次觀察，是 2003 年 5 月中在新北市三芝找尋高砂鋸，當時大家都習慣在路燈下等待趨光來的個體，但我看的許多日本昆蟲書籍都建議直接到森林中找尋，除了反守為攻外，還能熟悉牠們棲息的環境。所以天還沒黑就進入樹林找尋，蟲還沒出來怎麼辦？觀察從地面鑽出準備羽化的蟬也是消磨時間的好方法。夏天潮濕悶熱算什麼，最難挨的是蚊子大軍，穿長袖都防不了那針頭般的口器，雖然每次都帶著紅豆冰回家，但為了最愛的鍬形蟲，再苦都能忍耐。

這晚蚊子多到不像話，只好邊走邊揮趕，一不小心被倒木拐到腳，直接跌坐在地，扶著倒木想站起來，才發現手邊有隻矮鍬，雖然首次在原生環境看到本種，但目標物的魅力遠大於牠，所以並沒有特別注意，繼續在林中找尋，當晚目擊本種超過 10 隻本種，皆在相思樹倒木與各種樹枝上發現。

2012 年 6 月到土城蘭園找好友敘舊，走入號稱蘭花別墅的祕境時，被眼前凌亂的景象嚇傻，原來是颱風肆虐過的痕跡，看著熟悉的環境充滿倒木頗為不忍，便自告奮勇與好友一起整理，在各種工具輔助下，總算讓路徑變得明顯。休息泡茶時，好友提到這裡有阿扁、鬼豔、紅圓翅，他接著又問：「還有其他種類嗎？」當我在思考這北部海拔 150 公尺的地區還有什麼種類時，轉頭看著倒臥在旁的枯木，回頭跟朋友說可能還有一種叫做矮鍬，這引起朋友的興趣，兩人開始翻找倒木腐朽的部分，在一棵相思樹倒木發現樹皮剝落的痕跡，翻開發現鍬形蟲幼蟲的食痕與坑道，隨即剝開腐朽的木質，看到本種成蟲躲在其中，果然這裡也是牠們的棲地，還幸運發現成蟲與幼蟲共棲的生態。

發想這本書時，因為台灣小型鍬形蟲常造成初學者辨識的困擾，所以決定將每種眼緣特徵以特寫方式表現。2015 年 4 月份蟲季開始，過程如原先計畫般順利，較為困難的種類皆如願達成，唯獨本種遍尋不著，即便我前往了蟲友通報的觀察地點，仍然是沒有，心想應是莫非定律作祟，越想要越找不到，調整心境後，不久也順利拍攝到本種眼緣，讓進度再往前跨一大步。

眼緣突起是本種的辨識重點（淡水）。

大顎上彎的角度（大坑）。

群聚的成蟲（土城）。

蟲友盛傳本種是肉食性的鍬形蟲，其實在自然觀察過程中發現，不只本種與葫蘆鍬、角葫蘆類具肉食性，曾多次目睹大鍬屬、鹿角屬的雌蟲在路上吸食路殺動物的體液。

（高雄）

南洋肥角鍬形蟲 X 肥角

Aegus chelifer

體　　長：♂ 14-33 mm　♀ 14-19 mm
棲息環境：南部低海拔山區
習　　性：夜晚具趨光性

一直以來，我對本種都抱持著隨意的態度，原因無他，產地距離台北實在太遠了。幾年前終於在好友的邀約下，在一趟屏東生態觀察時順便紀錄本種。

隨著朋友來到一處農路，10月份的秋老虎正發威，下車隨即被熱浪包圍，雖然盡量走在樹蔭下，豆粒大的汗滴還是不停由額頭滑落，被浸濕的眼眶因鹽分刺激微微抖動，習慣性抬起手臂用袖子擦乾汗水，望著周圍都是檳榔樹與小灌木叢，地上除了低矮雜草外，幾乎沒有任何生氣可言，這樣的環境能有鍬形蟲嗎？好友似乎察覺我的狀態，轉頭說：「X肥角就是適應力夠強，才能在台灣歸化。」

我們在一棵枯倒檳榔樹前停下腳步，好友蹲下翻看樹皮，由旁邊發現似乎是甲蟲幼蟲的食痕，記得犀角金龜是檳榔樹的害蟲之一，好友該不會找我來看犀角金龜吧！這時再也忍不住問道：「鍬形蟲會吃檳榔樹的倒木嗎？」好友沒有回答，只是慢慢的將樹皮剝開，往下挖找，並將結成塊狀的腐植慢慢剝除。

「往下挖」這動作引起了我的好奇心，蹲下將手往腐植裡伸，這時好友露出一抹微笑，果然與我想的一樣，裡面的溫度低很多。在烈日的催化下，我們決定提早撤退，避免變成脫水人乾，望

著找到的大型雄蟲殘骸，雖然沒有活體，卻加深對生態的體認。

2015年5月南下屏東拍攝奇特的天南星科植物，與我同姓的客家伯公帶領我們到達私人的檳榔園，地上開滿「疣柄魔芋」奇特的花朵，炎熱的天氣加上花朵特有的氣味，突然憶起X肥角的環境。結束後順道訪友，聊天時再度提起X肥角棲息的環境真是不可思議，在場一位就讀屏科大的友人提及前一天才發現活體，環境同樣非常嚴苛，講得激動時，甚至冒出英文「Super dry」來形容。我馬上表達希望去走走的想法，但又擔心路程遙遠，耽誤北返時間，友人告知產地在附近而已，約莫2小時即可來回。

跟著朋友的車來到他說的嚴苛環境，一下車馬上聽到腳下枯葉碎裂的聲響，四周果然黃土一片，友人領路來到一棵倒木前，真是又乾又枯毫無生氣，乾裂的樹皮才剝開，黑色的蟲體隨即映入眼簾，X肥角的環境適應力真讓人敬佩！

大型雄蟲的大顎有內齒突（屏東）。

· 鍬 · 鍬 · 話 ·

探訪鍬形蟲越久，對牠們就越著
迷，因為每次的探訪都有新發現，
有可能是蟲體大小不同、體色深淺
變異，或是沒預期的狀態下發現新
產地。每一筆資料都是個人最重要
的經驗。

棲地樣貌（屏東）。

雄蟲頭部頂端有一突起（高雄）。

朽木中的雄蟲（屏東）。

朽木中的雌蟲（屏東）。

雌蟲體表充滿刻點（屏東）。

朽木中的雄蟲殘骸（屏東）。

扁鍬形蟲 扁鍬、阿扁

Dorcus titanus sika

體　　長：♂ 24-72 ㎜　♀ 24-42 ㎜
棲息環境：中低海拔山區
習　　性：夜晚具趨光性、趨樹液、趨腐果

本種是台灣目前已知鍬形蟲中最常見的種類，也是我小學時期，生態啟蒙最好的朋友。

記得小學四年級搬家到六張犁（台北市和平東路三段），雖然只有短短 3 年，但卻是我享受母愛與體驗不同人生的精彩時段。與富陽生態公園相連的福州山公園在早期是亂葬崗，每天經由臥龍街走往學校時，習慣性注意山坡上的每一棵樹，只要發現某棵樹吸引蝴蝶或其他昆蟲，那就是下課後的目標。

我與玩伴們在墳墓間的小路徑穿梭，找到昆蟲樹後，先將整個樹幹看過一次，哪裡有樹洞、哪邊流汁液都要非常清楚，確定後開始往上爬，因為身高不夠常踩著墓碑，也許長眠者知道我們無惡意，所以總是讓我抓到大扁鍬，現在回想起來，那些大扁鍬體型應該都有超過 70mm 吧！

2003 年 6 月中與摯友到太平山找尋蟲蹤，當晚十點下山後在土場休息上廁所，旁邊派出所（現已撤除）門口的小燈常有昆蟲聚集，是每次來都要搜尋的蟲點。今天燈下蟲不多，連蛾也沒幾隻，簡單搜尋後準備上車返家，這時摯友拉著我的肩膀說：「你聽，有東西飛過來。」停下腳步靜下心後，果然在寂靜夜裡聽到急促的振翅聲，心想：「可發出這麼大的聲音應該是獨角仙。」振翅聲盤旋兩圈後撞擊牆壁，發出「叩」的聲響落下，光源照過去，發現是隻超大的扁鍬形蟲，摯友馬上拿尺來丈量，體長竟然達到 71mm，這也是個人觀察本種的最大紀錄。

2015 年 8 月初帶家人及日本友人探尋桃園的「羊稠坑森林步道」。天氣雖然炎熱，但在樹蔭庇護下頗為涼爽，一行人沿著步道愉快爬升，發現有一組家庭在每棵樹下都停下來觀察，好奇心驅使我跟上前去了解，原來是孩子想找鍬形蟲，所以家人陪伴前往，這孩子約小學四年級，拿著樹枝在每個可能有鍬形蟲的樹洞、樹皮間來回探索。這幕讓我想起小時候的情境，因為現在的孩子聊到甲蟲時，都不屑扁鍬這個常見物種，滿口的稀有種類，對自然物種充滿興趣的同時，是否忘了每種生命都是珍貴的？那孩子在 1 小時的過程中，找出 3 隻扁鍬，雖然體型不大，但找到時的眼神讓我頗為感動，因為這是真正屬於他的自然經驗。

小型雄蟲大顎內齒像鋸子（富陽）。

吸食腐果的本種（頭城）。

吸食構樹果實（虎頭山）。

大型雄蟲充滿氣勢（烏來）。

本種側面看來扁平，所以名如其形，稱為
「扁鍬形蟲」，也因為這個緣故，所以蟲
友暱稱牠為「阿扁」。喜歡躲藏在構樹、
欒樹、柑橘樹、殼斗科植物的樹洞與樹皮
縫中。

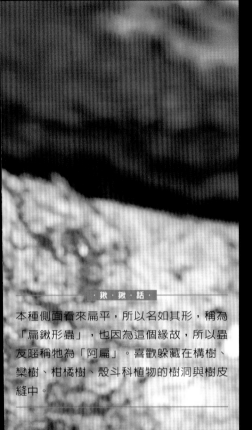

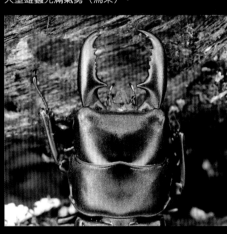

雄蟲大顎基部內齒突前有一排小齒突（林口）。

吸食蓮霧腐果（北投）。

在樹幹上爬行的雌蟲（扇平）。

（恆春）

鍾氏熱帶斑紋鍬形蟲

Echinoaesalus chungi

台灣特有種

體　　長：♂ 3.4 mm　♀ 3.4 mm
棲息環境：南部低海拔山區
習　　性：主要棲息於朽木中，偶爾於棲息木上活動

2015 年 2 月於臉書社團「昆蟲系統分類與演化生態文獻討論俱樂部」看到一則貼文，是台灣再度發現新種鍬形蟲的文獻資料，內容表示本種產於南部山區，體型非常小，外表其貌不揚，除了翅鞘上長滿細毛、較具特色外，若不是那屈膝狀（L形）的觸角，怎麼也想不到：這竟然是鍬形蟲。

台灣原有鍬形蟲種類為 54 種，本種加入後為 55 種。斑紋鍬形蟲原是最小型的種類，依照資料內容看來，本種可能會取代牠，成為台灣最小型的種類。但在我親眼見到本尊前，只能看著發表資料臆測。

很快地查到棲地資料，本種產在屏東著名的里龍山，也是我探訪蘭花的重要地點之一。還記得第一次到里龍山探訪生態，將車停好後，接著就是一連串無遮蔭的上坡，被豔陽烤乾的泥土如同加溫裝置，上下夾擊的悶熱讓人汗如雨下，爬到半山腰才能稍稍喘息，而後如倒吃甘蔗般越來越甜，不僅開始出現蘭科植物，溫度也變得適中，這是我對里龍山的初印象。

2015 年 10 月份本書交稿前，與好友一路南下找尋本種，開車過程中不停討論可能出現的位置，因為這類的鍬形蟲主要棲息在朽木中，所以如何挑選木頭是很重要的功課。很快地到了熟悉的停車場，雖然已是深秋，但下車後馬上感受秋老虎的威力，陣陣熱風催促我將攝影裝備上肩出發。

一路找尋各種不同枯倒木，由腐朽狀態、濕度、顏色、表面是否有蛀蝕痕跡再決定是剝開查看，但一路找上山頂，大大小小的枯倒木何其多，怎麼可能全部都找遍，只好由經驗法則來協助判斷，除了找些金龜子、擬步行蟲的幼蟲外，全無所獲。

隔周與好友再次前往里龍山挑戰，因為事先查閱各種斑紋鍬形蟲的生態資料，發現熱帶地區產的種類多半以樟科或楠科朽木為寄主，所以這次縮小搜尋範圍，以特定種類、顏色的枯倒木為重點，而且不再直接攻頂，先到一定高度後才開始探找，發現合適的枯倒木，先以手觸摸確認濕度，在狀態許可下才按壓確認硬度。如大海撈針般找尋，內心實在苦不堪言，但是在幾位好友的鼓勵與幫忙下，終於在天黑前找到這小巧可愛的鍬形蟲。

剛羽化的個體，體表充滿細毛。

朽木中的蛹。

頭部下方的大顎。

在朽木中活動的個體。

本種不像斑紋鍬形蟲，無法由後足脛節分辨雌雄。

不仔細看，會將牠當成木屑。

由體型及頭殼寬度推測為三齡幼蟲。

· 鍬 · 鍬 · 話 ·

探訪生態本來就充滿許多不確定因素，比如下雨、棲地改變等，所以找尋過程中總是充滿挫折，只有事前收集、閱讀相關資料，並且向研究人員請益，才能在森林中找到期望的目標物。

雄蟲大型個體大顎與觸角特徵（汪澤宏博士拍攝）。

雄蟲大型個
體，體表有
細微刻點，
腹面生有金
色細毛（汪
澤宏博士拍
攝）。

雄蟲小型個體
正面與腹面特
徵（汪澤宏博
士拍攝）。

1mm

雄蟲生殖器（汪澤宏博士拍攝）。

雄蟲不同個體的大顎變化（汪澤宏博士拍攝

承遠深山鍬形蟲

Lucanus chengyuani

體　　長：♂雄 23 mm -31.5 mm　♀不詳
棲息環境：低海拔森林邊緣
習　　性：日間飛行、夜晚不具趨光性

台灣特有種

本書於 2016 年首次出版前，我為了收錄 2015 年新發表的鍾氏熱帶斑紋鍬形蟲（258 頁）特別前往南部產地數趟，沒想到 2016 年底再度發表鄭氏肥角鍬形蟲（224 頁）及徐氏豆鍬形蟲（233 頁），還好本書內容早已收錄，只要將學名改正、圖檔調整即可，本以為台灣的鍬形蟲多樣性已經到極限，書的內容也已完整，沒想到 2018 年底好友傳來一則分類訊息，台灣竟然又有新種鍬形蟲發表！這是台灣深山屬鍬形蟲中的第九種，由研究人員林業試驗所的汪澤宏博士與台灣昆蟲館館長柯心平先生合作發表，名為「承遠深山鍬形蟲」是為了表彰自然觀察愛好者吳承遠先生勤於探訪生態、觀察細微，才能發現如此神奇的鍬形蟲種類。

這時憶起 2017 年 5 月在昆蟲論壇中的「不明深山」討論串貼文，指出南部山區找到一種在圖鑑上對不到種類的深山鍬形蟲，蟲友的討論圍繞在可能是外來種，或是有人拿國外的蟲來惡作劇。當時我拿出《世界鍬形蟲大圖鑑》比對，發現找不到相似的物種，但因為沒看過實體，並未加入討論。後來我也淡忘此事，直到新種深山發表。

承遠深山鍬形蟲與台灣現有的深山屬鍬形蟲種類外觀完全不同，僅與大屯姬深山鍬形蟲、黃腳深山鍬形蟲外觀、體形較為相似。承遠深山的雄性大型個體大顎內齒如同鋸子的鋸齒，雖與大屯姬深山類似，但大顎末端分岔與內齒形狀分布有很大的不同，小型個體亦然，皆可在比對後看出明顯差異。

生態習性與上，本種為台灣第三種日間飛行的深山屬鍬形蟲，與大屯姬深山鍬形蟲、黃腳深山鍬形蟲相同。雖然個人尚未在自然環境中看過其真正的模樣，但依上述兩種的自然觀察經驗，不難想像天氣晴朗時，本種雄蟲飛行的姿態。較為遺憾的是，本種尚未有雌蟲的觀察紀錄。台灣有超過 200 座 3,000 公尺以上的高山，隨著本種在阿里山被發現並發表，相信還有很多未知的新物種，正活躍在各地等著我們發現。

非常珍貴的副模式標本展示在台灣昆蟲館，愛好者可以就近觀察。

三牙鍬形蟲（*Foraminis perforatus*）真是非常奇特的種類，產季 2 月。

迪迪爾大鹿角鍬形蟲（*Rhaetulus didieri*）是鹿角屬中體型最大的種類。

馬來西亞
金馬倫高原尋蟲趣

Cameron Highlands

地理位置：坐落在東南亞的中心點，台灣飛馬來西亞約 4 小時
首都：吉隆坡
語言：馬來語與英文，華人面孔台語（潮州話）亦可通
幣值：馬來令吉（MYR）：新台幣（TWD）＝ 1：10
生態旅遊安全值：友善

馬來西亞自然景觀豐富，是喜好自然的朋友必去的國家之一。2010 年與好友討論行程時，選定距離吉隆坡 4 小時車程的生態聖地，金馬倫高原（Cameron Highlands）為首次探訪的地點。到達吉隆坡國際機場後，坐公車往市區轉巴士上山，一路上飽覽森林的各種林相變化，隨著山路蜿蜒爬升，開始出現各種高大雨林植物，到了坦瑞娜塔（Tanah Rata）後，先找尋住宿的地方，為了節省開銷所以捨棄華麗的飯店，好友熟門熟路地往旁邊靜巷走去，騎樓下一整排馬來印度人露出潔白牙齒，微笑對著我們招手，不停用英文重複「你好」、「便宜」這些單字，這時一位身形矮小的人由旁邊竄出，開口就嚇到我們，因為他用日文、中文、韓文、台語、馬來文、英文問好，為了感謝他的敬業，決定就住這裡了，而且兩人房一晚才 60 馬幣（約台幣 600 元），非常實惠。

晚餐後迫不急待地走往甲蟲書介紹最知名的鐘樓找尋趨光昆蟲，在公車站旁有座大型鐘樓與停車場，旁邊使用數盞探照燈，光源讓黑夜如白晝般，強力的光芒吸引各種昆蟲到來，地上許多在台灣夏季偶見的「大燕蛾」不斷抖動翅膀，眼前一隻姬兜蟲慢條斯理地逛大街，園藝花圃中停著「佛摩拉利士鬼豔鍬形蟲」，當晚就在不斷的驚喜中完美結束。

隔天一早與馬來好友會合後，開車到知名蟲點，普林彰山（Gunung Brinchang），這座山是附近的最高點，旁邊有座景觀台，登上塔頂後可展望綿延青翠的山脈，雖然天氣與風景都非常誘人，但最重要的是尋找昆蟲！當地友人知道我們此行的目的，引領我們走往旁邊的小路，鐵網圍籬上有盞小燈，他說這盞燈有神奇的魔力，能將附近的昆蟲全部引來，才講完隨即在燈旁發現一隻前晚趨光尚未離開的「馬場氏黃金鬼鍬形蟲」，當下我們全樂翻了！因為黃金鬼鍬在當年可是非常珍貴的種類，記得有些鍬形蟲晚上趨光後，天亮不會馬上飛離，有的個體會在附近找尋陰涼的地點躲藏，所以開始在旁邊的樹幹、石頭縫、樹上搜索，果然又找到好幾隻不同種類的鍬形蟲，還有一隻「高卡薩斯大兜蟲」也停在樹蔭處躲太陽，其後 2 天探訪數條步道，更為這次旅程增添了許多亮點。

馬來安達祐實大鍬形蟲（*Dorcus antaeus datei*）是非常熱門的種類，全年皆為產季。

讓我印象深刻的民宿業者。

佛摩拉力士鬼豔鍬形蟲（*Odontolabis femoralis femoralis*）體型非常強壯。

馬來布達鋸鍬形蟲（*Prosopocoilus budda erberi*）
體型小巧可愛。

短齒型的佳澤爾鬼豔鍬形蟲（*Odontolabis gazella gazella*），不對稱大顎像銳利的開罐器。

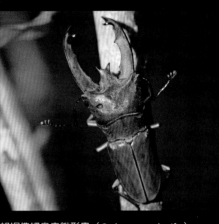

如妮佛細身赤鍬形蟲（*Cyclommatus lunifer*）
體表布滿細毛，主要產季為 5 到 7 月。

水沼氏兩點鋸鍬形蟲（*Prosopocoilus astacoides mizunumai*）為本種各亞種中體型最大的種類。

著名的提琴步行蟲（*Mormolyce* sp.），
是非常稀有少見的物種。

超級珍品，莫瑟里黃金鬼鍬形蟲（*Allotopus moellenkampi moseri*）。

鍬形蟲日記簿

為鍬形蟲
打造一個家

還記得我瘋狂飼養鍬形蟲時，家裡的成蟲、幼蟲超過千隻，每天都要輪流換果凍、噴水、換土，每一隻都當成自己的孩子照顧。過程中的一切都無可取代，也累積許多照顧的經驗，每個人都想把鍬形蟲養好、養大、養久，該怎麼做？這個章節千萬不要錯過。

飼養鍬形蟲時，建議使用透明飼養箱，底層鋪 3 公分厚木屑墊材，放上樹皮、樹枝、枯葉。食物的供給，可使用昆蟲專用果凍，昆蟲店或水族館提供多種口味，更換時較為便利。為保持環境濕度，每日早晚各噴一次水霧，可讓鍬形蟲保持活力喔！

設備：透明飼養箱、木屑墊材、果凍台、昆蟲果凍、落葉、樹皮、樹枝

攝於自宅工作室。

布置成蟲飼養環境。圖為鬼豔鍬形蟲。

各種尺寸、形狀的飼養箱。

台製與進口的果凍，有各種口味可供挑選。

造型各異的果凍台（甲蟲餐桌）、墊材、營養液。

腐植土、發酵木屑、高發酵木屑、產卵木屑。

繁殖鍬形蟲 I：布置產房

如果想要繁殖鍬形蟲，可依下列方法布置產房：

1. 先將產卵木泡水約 12 小時，取出靜置，讓多餘的水流出。

2. 將水慢慢加入高發酵木屑、調整濕度。待木屑吸飽水份後，抓一把木屑放置於手中用力捏緊，讓多餘水分流出。攤開手掌後，若木屑成團狀不會散開，表示濕度剛好；反之，則是濕度不夠，需再加水調整。

3. 大部分的鍬形蟲都會將卵產在朽木中，或是朽木與木屑接觸的地方，所以在飼養箱底層鋪滿木屑，以手握拳、用力將木屑壓實，木屑至少需 5 公分高。

4. 放入產卵木後，再加入木屑，木屑高度以不超過產卵木為佳。

5. 表面放幾塊樹皮與枯葉，讓母蟲翻身躲藏。

6. 最後放入果凍，即可將雌蟲投產。

設備：大型飼養箱、高發酵木屑、產卵木、高蛋白果凍、果凍台、樹皮

繁殖鍬形蟲II：挖取幼蟲

投產後約 2 個月是挖取幼蟲的時機，為了不傷及脆弱的幼蟲，可依下列方法處理：

1. 取一把一字型起子，由外圍小心撥開朽木。

2. 若發現幼蟲食痕時，隨著痕跡小心挖取。

3. 幼蟲出現後避免用手直接抓取，使用小湯匙將幼蟲移至另外的容器中。

4. 撥開的朽木勿丟棄，可能還有上未被發現的卵或幼蟲，建議繼續存放 1 個月後，再檢視一次。

繁殖鍬形蟲III：飼養幼蟲

1. 菌瓶飼養法：扁鍬與大鍬屬較適合使用本法。將蓋口打開後，在長滿白色菌絲的木屑中央挖一個洞，將幼蟲放入，幼蟲即會自行鑽入，再將蓋子闔上即可。使用菌瓶必須特別注意：須放置於低溫處（26 度以下），避免過度悶熱，造成幼蟲死亡。由菌瓶外觀判定更換時機，如果褐色（鍬形蟲的排泄物）部分超過三分之二，即需更換。

2. 木屑飼養法：依照木屑發酵程度不同，適用於各種鍬形蟲。發酵次數越多的木屑，顏色越深。昆蟲店販售的發酵木屑，皆添加獨家配方。將木屑加水調整濕度，放入容器中壓緊實，再將幼蟲放入即可。需注意保濕及更換木屑時機（約 1.5 月至 2 個月）。

3. 朽木飼養法：這是尚未有菌瓶與高發酵木屑時的飼養方式，但養出來的成蟲體型較小，目前已少有蟲友使用本種方法。我習慣將朽木塊埋在發酵木屑中，讓幼蟲自由取食。

有的種類需要使用冰箱低溫控制。

廣口菌瓶。

Q&A

Q1 可以將兩隻雄蟲養在一起嗎？

千萬不可將雄性放在同一飼養箱中，鍬形蟲屬於有領域性的昆蟲，如果有其他甲蟲闖進自己的領域，不管任何一方都會竭盡全力擊退對方，這時就會造成蟲體受傷，甚至死亡的慘況。

Q2 可以餵食成蟲新鮮的水果嗎？

餵食水果是一個很好的想法，但水果容易腐壞、味道較重、還會引來大群的果蠅，影響居家品質，所以還是建議使用果凍餵食較好。

Q3 繁殖時雄蟲與雌蟲可以一直放在一起嗎？

為避免雌蟲遭遇家暴，最好全程監視，待雌蟲交配完後，請取出放置於布置好的產卵箱中。如果一直與雄蟲放在一起，有可能會被雄蟲夾爆！

Q4 可以用手拿卵嗎？

採卵的時候，請勿使用您的手將卵拿起，因為手上可能帶有細菌，接觸脆弱的卵很可能造成感染，無法孵化。另外，手的力道不好拿捏，一不小心就可能讓卵受到壓力而變形，所以採卵時，使用小湯匙比較安全。

Q5 幼蟲可以常常拿出來看嗎？

幼蟲其實非常脆弱，如果常將牠們翻出來，容易造成驚嚇、無法正常取食、體重下降，還可能造成蟲體受傷，所以更換食材、檢查幼蟲的時間最好能夠固定。

Q6 如果不想再養鍬形蟲了，可以拿去野外放生嗎？

您飼養的鍬形蟲有可能不是台灣的原生種類，將牠們隨意野放，有可能造成自然環境的生態浩劫。所以，如果不想養了，千萬不要野放，您可以送回當初買的店家回收，或送給有興趣飼養的朋友。

鍬形蟲日記簿
不朽的鐵甲武士

總有一天，你會發現「鍬形蟲不動了」。牠活著的時候，吃果凍、躲在土中、用大顎夾你的手，陪你度過許多歡樂的觀察時光，但若壽命終了時，是不是可以想個辦法將牠留下，而不是只有照片與回憶？來吧，做標本是一件很棒的事！準備一些小工具，上工了！

製作鍬形蟲標本

從小靠著一本日文翻譯書開始接觸生態，其中最吸引
「製作標本」。記得書中有一段話：「萬一昆蟲死掉
將牠做成標本，這是對牠（生命）的尊重。」當時拿大頭針
麗龍，開始有模有樣地做起標本，雖然那些標本已不在身邊
每隻都做得非常工整，排列整齊放在鐵製餅乾盒中。

另外，書中還寫明大顎、觸角、六足需整齊對稱，這樣才能
而且易於整理保存。就讓我們跟著下列步驟來完成這件大事

準備工具 保麗龍板、珍珠板、鑷子、珠針（大頭針）、不銹
標本箱、資料籤（紀錄採集資訊或飼養資料）、檯燈或烘碗
別忘了附上資料標籤（採集者〔飼養者〕、日期、地點、

製作標本所有用品：保麗龍（珍珠板）、尖頭鑷子、珠針、日製不鏽鋼昆蟲

Step 1 使用鑷子末端夾住昆蟲針。

Step 2 插入昆蟲針的位置在右邊翅鞘的左上方。

Step 3 使用珠針固定鍬形蟲身體。

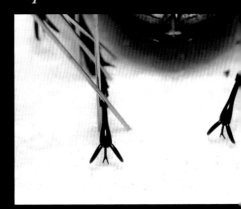

Step 4 調整姿勢後,使用交叉固定法。

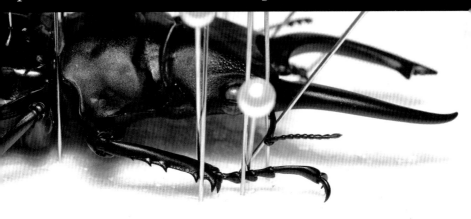

Step 6 中足、後足挑整姿勢後以珠針固定。　　***Step 7*** 斷掉的部分使用白膠修補。

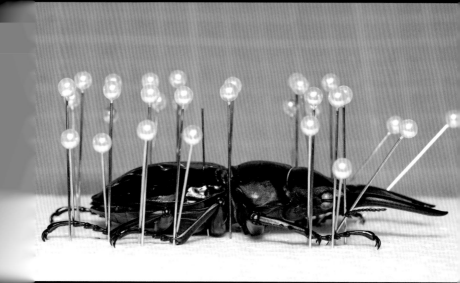

Step 8 完成固定的蟲體（側面）。

別忘了附上資料標籤喔

採集者：黃仕傑

日　期：2015／09／11

地　點：新店

種　類：鬼豔鍬形蟲

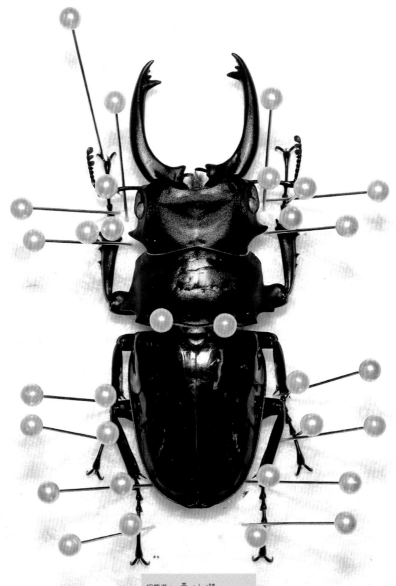

採集者：黃仕傑
日　期：2015/09/11
地　點：新店
種　類：鬼豔鍬形蟲

Step 9 完成固定的蟲體（正面），左右對稱，再放入烘碗機（檯燈下）中烘乾。

後記 & 致謝

鍬形蟲是讓我投入生態觀察最重要的物種之一。藉由找尋鍬形蟲，一路延伸至植物，再到各種自然點滴，這些歷程豐沛了我的人生，也讓視野越增廣闊。

我對鍬形蟲的探訪可分為三個時期：啟蒙期由 1997 年至 2004 年，這段時間像無頭蒼蠅般四處找資料、認識朋友並熱血採集。喜歡飼養與繁殖，並且製成標本收藏。2005 年至 2008 年因擔任嘉大昆蟲館計畫助理，明確認識到私人收藏標本無法有效發揮生態資源且保存不易，所以將手上的標本交給能妥善利用的單位與朋友，並開始學習各種生態相關知識，也在好友的鼓勵下拿起相機紀錄生態。2009 年開始對於採集，抱持著除學術與研究的需求外，寧願透過鏡頭紀錄影像及有趣的生態行為。

本書內容依據不同時期與任務，遇到鍬形蟲的用語也不同，因為這是 10 多年來的轉變，不再以抓蟲、養蟲、做標本為重心，這是我暢遊生態的一段歷程。

撰寫本書時，將深植腦海的記憶喚出，每次想起採集、探訪、旅程、陪我走這段路的好友，都讓我停下敲動鍵盤的手指，細細品味當時的情境。因為每次出門都無法預期會發生的狀況：所以熬夜的辛苦、撞車的驚恐、朋友的信任、發現的喜悅、體力的考驗，都一再加深記憶。交稿前曾擔心資料不夠，檢視圖檔時發現，「累積」是自然觀察者練功的不二法門，唯有真實的遭遇與紀錄，才能為生命留下痕跡。

台灣鍬形蟲的種類，除了 2015 年最新發表的鍾氏熱帶斑鍬外，只差三種尚未在野外拍過生態照。所以 2015 年春季由黃腳深山敲響熱血序曲，這半年重新探訪鍬形蟲，許多好友熱情提供線索及蟲種，終於在今年蟲季結束前補足圖檔。

這十多年來，探訪鍬形蟲的路上有許多師長、好友的幫助，才能使本書完整呈現。特別感謝：國立台灣大學昆蟲系榮譽教授楊平世老師，在諸事繁忙之際撥冗作序；國立台灣大學昆蟲學系汪澤宏博士為本書審訂，並提供相關參考資料；國立台灣師範大學生命科學系林仲平教授、國立自然科學博物館鄭明倫博士、蔡經甫博士提供鍬形蟲文獻資料；周文一博士提供野外觀察資訊；扶風文化洪新富老師不斷的鼓勵。

在此一併致謝：王子尹、王冀名、江柏賢、余麗霞、李志堅、何彬宏、吳峰銘、林琨芳、林翰羽、施禮正、陳昭良、陳家銘、陳家鋒、陳陽發、張永仁、張世豪、張維仁、張書豪、張駿彥、黃一峯、黃芮昌、焦鈵翔、

楊志亮、傅念澤、詹凱翔、蒯聿修、廖智安、蔡正隆、劉人豪、賴志明、賴銘勳、盧亭丞、蕭昀、鍾志俊、黨建中、鐘云均。（此處依姓名筆劃順序排列）

　　謝謝總編輯辜雅穗的邀請，讓我用這本書把多年來的觀察做個紀錄與分享。感謝生命中最重要的貴人，劉旺財與廖碧玉賢伉儷在精神與各方面的支持。感謝母親曾秋玉女士，以及老婆學儀從婚前就體諒並一路支持我對於探訪自然的熱愛至今，還有如同小幫手的兒子于哲，每次出野外都幫忙找昆蟲，並且提出令人噴飯的問題，讓我得到更多有趣的連結來完成本書，並隨時保持探訪自然的動力，謝謝你們！

　　喜好自然的朋友們如果有觀察、飼養、拍攝鍬形蟲的相關問題，或是對於本書有任何指教，歡迎透過 E-mail 與我聯絡，也可透過臉書找到專屬網頁與相關討論。謝謝！

E-mail：shijak0526@gmail.com
Facebook：黃仕傑之甲蟲世界

熱血阿傑頻道

圖為台灣大鍬形蟲。

台灣鍬形蟲學名索引

參考資料

參考書籍

鈴木 知之著。《世界鍬形蟲、兜蟲飼育圖鑑大百科》。台北：商鼎出版，2007

張永仁著。《鍬形蟲 54》。台北：遠流出版，2006

藤田 宏著。《世界鍬形蟲大圖鑑》。日本：日本虫社出版，2010

黃灝、陳常卿著。《中華鍬甲 I》。台北：福爾摩沙生態出版，2010

黃灝、陳常卿著。《中華鍬甲 II》。台北：福爾摩沙生態出版，2013

鄭明倫。〈鍬鍬愛上你 鍬形蟲知多少（四）？〉。國立自然科學博物館館訊 336 期，2015

鄭明倫。〈鍬鍬愛上你 鍬形蟲知多少（三）？〉。國立自然科學博物館館訊 335 期，2015

鄭明倫。〈鍬鍬愛上你 鍬形蟲知多少（二）？〉。國立自然科學博物館館訊 334 期，2015

鄭明倫。〈鍬鍬愛上你 鍬形蟲知多少（一）？〉。國立自然科學博物館館訊 333 期，2015

Pisuth Ek-Amnuay, Beatles Of Thailand, 2008

參考論文

楊仲圖。1963。台灣產鍬形蟲之研究。昆蟲學會報 2: 41-57。

Huang, H. and C. C. Chen. 2015. Discovery of a second species of Aesalini from Taiwan, with description of the new species of the genus Echinoaesalus Zelenka, 1993 (Coleoptera: Lucanidae). Zootaxa 3910(1): 163-170.

Huang, J. P. and C. P. Lin. 2010. Diversification in subtropical mountains: phylogeography, Pleistocene demographic expansion, and evolution of polyphenic mandibles in Taiwanese stag beetle, Lucanus formosanus. Molecular Phylogenetics and Evolution. 57: 1149–1161.

Tsai, C. L., X. Wan and W. B. Yeh. 2014. Differentiation in stag beetles, Neolucanus swinhoei complex (Coleoptera: Lucanidae): Four major lineages caused by periodical Pleistocene glaciations and separation by a mountain range. Molecular Phylogenetics and Evolution. 78: 245–259.

Wang, L. J. and H. P. Ko. 2018. Description of Lucanus chengyuani sp. nov. from Taiwan, with a key to the species of Taiwanese Lucanus Scopoli (Coleoptera: Lucanidae). Japanese Journal of Systematic Entomology 24(2): 257-263.

參考網站

台灣物種名錄：taibnet.sinica.edu.tw

林務局：www.forest.gov.tw

台灣國家公園：np.cpami.gov.tw

昆蟲論壇：insectforum.no-ip.org

攝影協力

國立自然科學博物館、台灣昆蟲館、
木生昆蟲館、魔晶園、菜蟲叔叔的店、
愛森蝶昆蟲生態館、綠色工坊、蟲之森

鍬形蟲日記簿 新版

作　　　者　黃仕傑
企 畫 選 書　辜雅穗
責 任 編 輯　何韋毅、辜雅穗

行 銷 業 務　鄭兆婷
總 編 輯　辜雅穗
總 經 理　黃淑貞
發 行 人　何飛鵬
法 律 顧 問　台英國際商務法律事務所 羅明通律師
出　　　版　紅樹林出版
　　　　　　地址：台北市南港區昆陽街 16 號 4 樓
　　　　　　電話：(02) 2500-7008　傳真：(02) 2500-2648
發　　　行　英屬蓋曼群島商家庭傳媒股份有限公司城邦分公司
　　　　　　聯絡地址：台北市南港區昆陽街 16 號 5 樓
　　　　　　書虫客服專線：(02) 2500-7718、(02) 2500-7719
　　　　　　24 小時傳真：(02) 2500-1990、(02) 2500-1991
　　　　　　服務時間：周一至周五 09:30-12:00、13:30-17:00
　　　　　　郵撥帳號：19863813　戶名：書虫股份有限公司
　　　　　　讀者服務電子信箱：service@readingclub.com.tw
　　　　　　城邦讀書花園：www.cite.com.tw
香港發行所　城邦（香港）出版集團有限公司
　　　　　　地址：香港九龍土瓜灣土瓜灣道 86 號順聯工業大廈 6 樓 A 室
　　　　　　email：hkcite@biznetvigator.com
　　　　　　電話：(852)25086231　傳真：(852) 25789337
馬新發行所　城邦（馬新）出版集團 Cité(M)Sdn. Bhd.
　　　　　　41, Jalan Radin Anum, Bandar Baru Sri Petaling,
　　　　　　57000 Kuala Lumpur, Malaysia.
　　　　　　電話：(603) 90578822　傳真：(603) 90576622
　　　　　　email:cite@cite.com.my

封 面 設 計　mollychang.cagw.
內 頁 設 計　葉若蒂
印　　　刷　卡樂彩色製版印刷有限公司
經 銷 商　聯合發行股份有限公司
　　　　　　電話：(02)29178022　傳真：(02)29110053

2019 年（民 108）2 月初版　　　　　Printed in Taiwan
2024 年（民 113）7 月初版 5.2 刷
定價 550 元
著作權所有，翻印必究
ISBN 978-986-7885-99-9

國家圖書館出版品預行編目資料

鍬形蟲日記簿 / 黃仕傑著 . – 二版 . – 臺北市 : 紅樹林出版 : 家庭傳媒城邦分
公司發行 , 民 108.02　288 面；　14.8*21 公分
ISBN 978-986-7885-99-9(精裝)

1. 甲蟲 2. 動物圖鑑 3. 生態攝影

387.785025　　　　　　　　　　　　　　　107023936